中原建筑大典

20世纪建筑

（1901—2000）

SELECTED ARCHITECTURE
IN CENTRAL CHINA

• *Building in the 20th Century* •

总 顾 问　赵建才
主　　编　刘洪涛
分册主编　顾馥保
　　　　　黄　华

河南科学技术出版社 · 郑州

图书在版编目(CIP)数据

中原建筑大典. 20世纪建筑 / 刘洪涛主编; 顾馥保, 黄华分册主编. —郑州: 河南科学技术出版社, 2013.6
ISBN 978-7-5349-6013-0

Ⅰ. ①中… Ⅱ. ①刘… ②顾… ③黄… Ⅲ. ①建筑设计—河南省—近现代 Ⅳ. ①TU-8

中国版本图书馆CIP数据核字(2012)第320552号

中原建筑大典·20世纪建筑

总 策 划 李喜婷

策划编辑 顾 苒
责任编辑 顾 苒
责任校对 吴希扬
书籍设计 赵 钧

出版发行 河南科学技术出版社
地　　址 郑州市经五路66号
邮　　编 450002
电　　话 (0371) 65737028 65788633
网　　址 www.hnstp.cn
经　　销 全国新华书店
印　　刷 郑州新海岸电脑彩色制印有限公司
开　　本 635 mm × 965 mm 1/8
印　　张 52.5
版　　次 2013年6月第1版
印　　次 2013年6月第1次印刷

书　　号 ISBN 978-7-5349-6013-0
定　　价 700.00 元

《中原建筑大典》编纂委员会

《中原建筑大典·20世纪建筑》编委会

总序一

《中原建筑大典》成书付梓，深感振奋。这部沉甸甸的作品是新中国成立以来我省第一部综合反映建筑成果的大型资料性图书，意义非常。河南省住房和城乡建设厅、河南省土木建筑学会、河南科学技术出版社和各省辖市住房城乡建设主管部门的专家、学者及建设行业的工作者通力协作，以古今中原建筑为主题，书海修行，悉心编纂。可以说，《中原建筑大典》集资料性、艺术性、知识性、可读性于一体，为全省建设行业奉献了一部可读可鉴的古代、近代与现代建筑成果的集大成之作，为我省广大建设者提供了一面了解历史、展望未来的镜子。

建筑艺术是人类文明的集中体现，直接反映地域特点、生产力水平和文明程度。河南地处中原，是中华文明的重要发祥地之一，勤劳智慧的中原人民创造了辉煌灿烂的中原文化，也创造了美轮美奂的建筑作品。新中国成立以来，尤其是改革开放以来，河南省经济社会发展取得了长足的进步，建筑业紧紧围绕全省经济社会发展大局，抢抓行业发展机遇，持续保持快速增长势头。2012 年全省建筑业年产值突破 6 000 亿元，建筑业增加值占全省 GDP 的 5.5%，建筑业成为全省国民经济的重要支柱产业，河南也跻身全国建筑大省之列。在建筑业大发展的时代，我省建筑创作日益繁荣，施工水平不断提升，建筑科技创新能力不断增强，工程质量显著提高，不少建筑作品在继承中创新，在创新中发展，优秀建筑作品不断呈现。《中原建筑大典》的编纂出版正当其时，这部大典是河南这个文化大省、建筑大省伟大成就的缩影，是河南建筑业大发展的力证。

当前，中原经济区已上升为国之方略，世人瞩目。建设美丽中原的宏伟蓝图已经绘就，在加快信息化进程中持续探索"两不三新""三化"协调科学发展的路子已经确定，新型城镇化引领城乡统筹发展的进程正在加快，建筑业天地广阔，大有可为。希望全省建设行业的同人，在建筑领域深入研究，认真思考，大力繁荣建筑创作，兼容并蓄，博采众长，努力构建具有中原地域特色的现代建筑文化；贯彻落实质量兴省战略，推动建筑科技创新，努力提高建筑产品质量水平，提升城乡建设品质；大力推广绿色节能建筑，倡导生态低碳的生活方式，让古老的中原大地成为具有田园城市风格的大都市区和“三化”协调科学发展示范区，在全面建成小康社会，加快推进中国特色社会主义建设的征程上谱写中原崛起新篇章。

河南省人民政府副省长　赵建才

总序二

建筑是人类物质文明和精神文明的综合产物，除构筑生活空间外，还在人类发展史中起着表达与传递、传承与发展共同记忆和民族文化遗产的重要作用。伟大的建筑一如伟大的文学作品，能触动人类灵魂深处的情愫。一部建筑史也是一部人类文明的进步史，它体现了历史发展的轨迹，承载着人们的记忆和感情。

不同地域、不同族群的建筑，展示着各自独特的历史轨迹与文化背景。中原作为华夏文明的核心传承区，其悠久灿烂的历史文化和广袤的地域造就了绵延千年、丰富多彩的建筑文化，在中国建筑史上具有不可替代的突出地位。七千年前的裴李岗文化、仰韶文化遗址表明建筑先于文字存在，也有力说明了中原建筑诞生之早。中原大地上的都城建筑、宫廷建筑、寺庙建筑、民间建筑异彩纷呈、争奇斗艳，长期处于中国建筑的主流位置，代表了当时的最高水平。自商迄宋历朝历代宏伟庞大的中原古都，世界文化遗产龙门石窟和"天地之中"历史建筑群，象征中华祖先的炎黄巨塑，缅怀先烈革命精神的二七纪念塔，各具特色的民居，郑东新区拔地而起的高楼大厦……都是我们引以为豪的突出成就，是河南对中华文明发展所作出的杰出贡献，是中原儿女勤劳智慧的生动体现。为发掘、研究、继承和发扬河南由古至今的建筑成果，我提议并组织编纂了这部《中原建筑大典》，以飨读者。

翻开《中原建筑大典》的目录，可以看到，它收录的有千年古刹，有百年祠庙，有具有显著地域文化特征的城市标志性建筑，有具有革命意义和特殊价值的优秀历史建筑、名人故居，有融合中外文化特色的代表性建筑，也有低碳环保的宜居建筑，其中不乏获得詹天佑奖、鲁班奖等省、部级以上大奖的知名建筑。这些古今建筑集中反映了中原地区的文化、科技、艺术和劳动人民的创造精神，是一笔宝贵的精神财富。

《中原建筑大典》集中反映了中原历代建筑的特色和风格，并牢牢把握了时代脉搏和发展趋势，显示了中原建筑文化锐意进取的态势。诚如建筑大师梁思成所言："建筑之规模、形体、工程、艺术之嬗递演变，乃其民族特殊文化兴衰潮汐之映影，一国、一族之建筑适反鉴其物质、精神继往开来之面貌。"古代中原建筑的辉煌自不待言——披沙拣金、优中选精的《古代建筑》已概略地展示了这一点。19 世纪下半叶至 20 世纪上半叶的百年，受制于外侮内弱、国力衰竭，建筑发展几近停滞。至清末民初，才零星有了对西方建筑吸纳的作品出现；新中国成立后土木兴盛，也曾产生了一些精品佳作；20 世纪 80 年代改革开放以来，城市建设突飞猛进。《20 世纪建筑》很好地记录了中原地区建筑从对西方建筑的吸纳、自主创作的萌芽到不断创新发展的过程。而服务于当代社会活动、人民生活的《21 世纪公共建筑》《21 世纪居住建筑》则反映了自改革开放以来建筑产业迅速推进、城市化水平逐年提升、建筑产品如雨后春笋蓬勃成长的良好局面。整套书力求反映出中原建筑的古今辉煌和传承创新。

建筑的重要意义在于，它不单为人们提供栖身之所，还是城市、乡镇和各种文化场所的组成单元，它存在于环境、生活、经济发展之中，又反过来影响环境的营造、生活的构建、经济的发展，还影响着人们的思维习惯、行为模式和生活方式。它能鼓舞人、激励人，让人们去热爱自己的城市，热爱自己的家园，并为之付出劳动和智慧。我们在加快中原经济区建设、推进新型城镇化的进程中，绝对不能忽略文化建设，要把文化发展与整个经济社会发展结合起来，把文化软实力的提升与综合实力的提升结合起来。我们希望，《中原建筑大典》的编纂出版，能够对弘扬中原建筑文化、提升城市品质、保护历史文脉、留住城市记忆、推进中原经济社会发展起到应有的作用和贡献。

河南省住房和城乡建设厅厅长、工学博士、研究员　刘洪涛

总序三

《中原建筑大典》是由河南省住房和城乡建设厅发起，河南省土木建筑学会与郑州大学建筑学院、河南博物院和河南科学技术出版社等单位合作，组织有关专家、学者、研究人员共同编纂的一部全面总结和反映河南省从古至今建筑成就的大型图书。这部套书以时间为分卷标准，兼顾功能、属性，形成《古代建筑》《20世纪建筑》《21世纪公共建筑》《21世纪居住建筑》四个分卷，于2013年出版。

《中原建筑大典》由河南省人民政府副省长赵建才担任总顾问；河南省住房和城乡建设厅厅长刘洪涛任主编；河南省住房和城乡建设厅设计处、规划处、建管处、房产处、城建处等处室领导，河南省18个地市的建委、规划、房管部门领导和当地规划设计院院长任编纂委员；来自河南全省的一批权威专家主持各书的编写。到目前为止，这是第一部以中原建筑为对象的规模最大、成果最前沿、资料最翔实、图片最丰富的套书。

对本省、本地区的物质及非物质文化遗产进行挖掘、整理、保护和继承是当今的一大趋势。长期以来，河南省社会各界特别是建筑领域的专家、学者、建设者都强烈希望并积极倡议将中原地区数千年来的优秀建筑作品及有关资料汇编成书，以供当代人研究、回味，供后来人借鉴、参考，为促进河南城乡建设的跨越式发展作出应有的贡献。这项工作得到了河南省住房和城乡建设厅、各省辖市主管部门及河南科学技术出版社的全力支持。在赵建才副省长、刘洪涛厅长的具体指示和明确要求下，《中原建筑大典》套书编纂委员会迅速成立，编纂、出版《中原建筑大典》的工作顺利展开。

自套书编纂委员会成立三年来，各界专家召开了多次学术会议，就《中原建筑大典》的定名、定位、定性问题和分卷、分类原则以及各卷的框架结构等进行了深入细致的探讨，达成了广泛的一致。

一部图书的定名与定位，直接反映着该书的内涵与指向，也蕴含着对时间与地域的划分，对这样一部反映河南建筑发展历史与现状的图书而言，更是如此。本书的定名，曾有诸多争议，主要集中于两个问题：一是地域冠名；一是应该叫“大典”还是“大观”“选编”，或别的名称。直观理解，“河南建筑”更为贴切，意指现河南省行政区内的古今建筑，明白、易行、易理解。然而，建筑既是一种物质产品，但同时也具有文化意蕴和历史记忆。相对于“河南”来说，“中原”的概念既形成得早，又成为举世公认的当今河南的代名词。虽然它的外延大于河南，甚至延及江、河两岸，但它的核心区位一直定位在河南。另外，中原经济区的形成，也是书名需要考虑的问题。《国务院关于支持河南省加快建设中原经济区的指导意见》中对中原经济区的区域范围定为“涵盖河南全省，延及周边地区的经济区域”。因此，本套书编纂委员会成员一致认为，地域冠名为“中原”比“河南”更恰当。

古今中原建筑的素材浩如烟海。本书虽不包含全部中原建筑，但却大体涵盖了中原建筑的主要和典型的代表，在时间上既涵盖了古代，又涵盖了近代和现代；几十年来，我省尚未出版过一部涵盖范围较其更为全面的建筑图书，此书可以视为一项开放的工程，目前完成的《古代建筑》《20世纪建筑》《21世纪公共建筑》《21世纪居住建筑》先期出版，今后还将追踪时代步伐，续写有关内容，作为它的补充与延伸，以形成系列。因此，编者不揣浅陋，将本书冠以“大典”之名，此中用心和深意，尚希读者鉴谅。

对于书的性质，编者力求使其成为中原建筑的百花集萃，但鉴于很多古代建筑的湮没无考和现代建筑的数量过于庞大，做到完全收录是力所不及、也是没有必要的；编者本着客观的态度，严格甄选出各类建筑中最典型、最有特色的代表作品，力求全面、准确地反映数千年来河南建筑的全貌。各卷的甄选及分类标准如下：

《古代建筑》卷，按照功能的不同分为佛教建筑（其下包括寺庙、佛塔、石窟）、道教建筑、伊斯兰教建筑、纪念建筑（其下包括祠庙、陵墓）、文庙书院建筑、衙署建筑、会馆建筑、民居建筑、桥梁建筑、古代城址、其他建筑（其下包括庙阙、园林、高台、水利设施、风水塔等），选择各类建筑中文物等级高、历史久远、文化底蕴深厚、布局独特或已经是现存孤例的建筑。

《20世纪建筑》卷，以新中国成立前后划分为两个阶段，即1901年至1949年，1950年至2000年。前一阶段根据行政区划按城市分列各类建筑；后一阶段按建筑类型编排，两个历史阶段体例分别与《21世纪居住建筑》《21世纪公共建筑》一致。前后对照清晰地显示了中原建筑两重天的变化。

《21世纪公共建筑》卷，按照功能的不同分别选择各类建筑中具有标志性（刷新城市新高度、直接是一个城市的象征、具有革命纪念意义和特殊价值等）、艺术性、环保节能性、名牌（著名建筑师、设计师的代表性作品）及获奖（获得詹天佑奖、鲁班奖等省、部级以上大奖）的建筑。

《21世纪居住建筑》卷，在选材上充分考虑不同读者的需要，既考虑建筑特色和专业水平，以便作为专业人员和研究人员的借鉴和参考，又考虑到一般读者的审美趣味和欣赏需求。所收居住建筑按河南省行政区划排序。

各卷中每个建筑均附有几百字的文字说明，除了介绍建筑面积、建造时间等专业数据（《21世纪公共建筑》卷和《21世纪居住建筑》卷尽可能给出了设计单位、建筑面积、设计时间和竣工时间等）之外，还对该建筑的功能、结构和设计特点加以阐释，同时尽可能配以各类建筑图纸（总平面、平面、立面及剖面等），力求做到资料翔实、具体，评价准确、公允，使这套书具有较高的学术价值和资料价值，并因其内容与形式的完美统一而具有典藏性和观赏性。

编纂委员会成员根据统一设计的征稿与编写框架，夙兴夜寐，踏实工作，对文字、数据资料反复核实，对照片、图纸反复推敲，付出了巨大的努力，使这部套书的权威性、科学性、可读性得到了保证。

正值本书编纂完成、行将付印之际，迎来了《国务院关于支持河南省加快建设中原经济区的指导意见》的下达，编纂委员会成员和全体参与同人无不感到欢欣鼓舞。作为一部反映中原古今物态建筑的图书，对照国务院的指导意见尤其是第36条的要求，我们为对中原经济区的发展做了一件有意义的工作而感到欣慰。

在本书的组织和编纂过程中，我们既考虑到了河南作为占有全国最久远、丰厚的建筑文化资源之地、全国交通枢纽的中心地位，以及人口大省的特殊地位，又考虑到了河南省人均经济规模、人均居住面积、城市化水平低于全国平均数的现状，力避夜郎之言和印象的产生。我们清楚地认识到：河南的突出优势将是保障其可持续发展的不竭源泉；河南现有的突出矛盾和劣势，也将随着中原经济区发展战略的实施，成为反推中原实现跨越式发展的巨大潜能和动力。愿我们共同努力，以史为鉴，借国务院支持我省中原经济区建设的东风，促进建筑与住宅产业发展，加快城镇化进程，实现城乡共同繁荣，为支撑中原崛起和河南振兴，服务全国发展大局作出新的贡献。

河南省土木建筑学会副理事长、秘书长　李绪荧

前言

随着19世纪后期欧洲工业革命的发展，以工业化思想为基础的“新建筑运动”应运而生，产生了大量令人耳目一新的现代建筑，自这些西方现代建筑形式传入中国之日起，中国几千年的建筑传统就中断了。“这个中断标志着中国近代建筑的开始，中国建筑新生命的开始。”

20世纪初期至中叶，由于传统建筑在功能、结构、材料、施工技术、造型特征诸方面的局限性，已不能适应时代发展的需要，近代建筑的萌芽，对西方建筑文化和创作的吸纳、借鉴在沿海地区已先行起步了。但旧中国正处于内忧外患、经济衰败、民生凋敝之时，加之中原内地相对的封闭性与落后性，中原建筑创作缓慢而滞后。

这一时期的建筑营造大致有以下几种情况：

1. 一些中小城镇还保持着地方传统的营造方式，沿袭了乡土特征与风格。

2. 在适应一些新功能的要求下，产生了新的建筑类型，外来的技术与手法结合西方古典与现代或传统的符号形成拼接组合的造型。

3. 受沿海地区的影响，一些掌握现代科技的建筑工程人才零星设计建造了一些西方古典与摩登式样的作品。

建筑作为一个综合的载体，能够综合反映时代的政治、经济背景与文化特征。20世纪中原近代建筑，正处于一个传统历史性建筑的转折期，充分反映了中西方建筑文化的碰撞与交融，中国建筑师从这个时期开始探索科学化与民族化相结合的道路。中原优秀近代建筑作为中国近代——现代社会发展历史时期多元文化下的历史见证，具有重要的科学价值、经济价值、景观价值和历史文化价值。因此应当正确的保护和利用，以期为中原的城市建设和经济发展做出贡献，为子孙后代留下更多的物质和文化财富，为人类社会的发展和进步提供帮助。

中原地区几千年来在历史与文化方面，有过辉煌的成就。故都、名城、人文、艺术荟萃于此，但以砖木结构为主的传统古典建筑历经沧桑、朝代更迭、战乱蔓延、年久失修、多数倾圮摧毁，历经风雨保存下来的建筑就显得弥足珍贵。

1949年新中国诞生，百废俱兴，三年国民经济恢复时期医治了战争创伤，继而开始了第一个五年计划，进行大规模的工业化建设和国家行政区的调整。河南省会由开封迁至郑州，郑州、洛阳成为新兴的工业基地与大型中心城市。一方面从沿海城市引进工程技术人才，一方面在前苏联专家指导下进行城市总体规划与重点工业项目的建设，开创了现代意义上的城市建设与建筑工程设计。如郑州西郊的纺织、印染工业区，发电厂，电缆厂，砂轮厂，洛阳西郊的涧西工业区等等。从郑州市历届城市总体规划的编制与修订上我们可以看出，规划师为省会的经济、文化与社会的发展描绘了一幅宏伟的蓝图，为城市的有序发展奠定了坚实的基础。此外，随着油田的开发，大型水利枢纽的建设，出现了一批新兴的工业城市，如三门峡市、濮阳市等等。（表一）

表一　郑州市历次城市总体规划情况表

序号	时间	编制总体规划名称	市镇建设用地规划面积（km²）	人口	国家批准时间
1	1927年	《郑埠设计图》	10.5 km²		
2	1928年—1929年	《郑州市新市区建设规划草案》	35 km²	28万	①
3	1954年—1972年	《郑州市总体规划》	63.6 km²	58万	1956年2月
4	1981年—2000年	《郑州市总体规划》	104.8 km²	100万	1984年1月
5	1995年—2010年	《郑州市总体规划》	189 km²	230万	1998年12月
6	2006年—2020年	2007年建成区282km² 建成区人口436.3万人 ②	836 km² （中心城区450 km²， 城市化水平80%）	1100万 （城镇人口880万， 中心区500万）	2008年

备注：①1949年解放时郑州城区面积约 5 km²　②2007年，郑州市域行政辖区共6区5市1县，规划总面积为 7 446.2 km²

在经济恢复时期，本着保证工业建设资金的同时，在民用建筑设计方面，遵循“适用、经济、在可能条件下注意美观”的方针，因此，功能合理、结构经济、造型朴实无华、造价严格控制成为这一时期总的设计趋向。在创作理论的指向，创作手法、风格上的适从方面，围绕着社会主义内容，民族的形式以及对传统与现代、继承与创新的理解，也进行过一些关注与探索。

20世纪下半叶，世界现代建筑正处于流派众多、“主义”林立、风格多元的时代，改革开放不可避免地带来中西建筑文化思潮的碰撞、交流，影响着中国的建筑创作理念、思想与手法。在理论上还来不及梳理，文化差异上的认识还来不及消化、吸收与融合，创作手法还来不及取舍的时候，建设的浪潮已汹涌而来。经济腾飞，民生改善，城市扩展，为建筑创作提供了广阔的舞台与机遇，建筑类型之多，速度之快，规模之大，项目之丰是我国任何历史时期所无法比拟的。

这一时期中原地区与全国一样出现了一大批优秀的民用建筑、工业建筑，建筑创作呈现了多彩、繁荣、百花齐放的局面。在建筑教育领域，1959年郑州大学设置工科四系的专业之一，开办了首家高校建筑学专业（1964年成立郑州工学院，发展为郑州工业大学，至新郑大成立为止），到目前，全省已有十余所高校设置了建筑学院，除建筑学外，还包括了相关专业，如城市规划、室内设计、环境艺术等，培育了大批专业人才。

20世纪80年代河南省建筑学会创办了期刊《中州建筑》，使广大设计人员有了交流理念，发表设计及研究成果，开展评论的园地。此外，在省建设厅主持下，编辑出版了《河南建筑选》，它既为我们展示了建国以来至20世纪70年代末全省建筑优秀作品，又为这次《中原建筑大典》的编纂提供了翔实的珍贵史料。

20世纪50年代后，公共建筑的建造在类型、规模、标准、高度等方面，产生了多个第一，就河南省来说，这些解放后首批受过专业训练的建筑师的早期作品，如星级宾馆中州宾馆（1961年），体育建筑河南省体育馆（1967年，5000座位），高层建筑中原大厦（1975年），文化建筑人民大会堂（1980年，3000座位），省会第一座大型博物馆河南省博物院（1995年）。当年郑州行列式布局简陋的平房形式的碧沙岗市场、花园路市场，都被现代化的商场、超市所替代。

闻名遐迩的郑州百年老街德化街，20世纪50年代时前者街长不足500米，20世纪80年代二七广场周边兴建了首家大型商场亚细亚，陆续建设的有商业大厦、天然商厦、华联商厦，并与德化街全面扩建的地下商业街形成商场群，广场架空连廊，人车分流，共同构成了中原地区现代化的商业街区，德化街昔日商铺的旧貌几乎荡然无存了，仅可从开封书店街找到有点相仿的印迹。不少人在感叹今日繁华与熙攘的同时，对二七广场纪念性、交通性、商业性的定位却莫衷一是。郑州铁路旅客站及站前广场多次扩建，成为中原地区的门户。郑州是京广铁路与陇海铁路的交通枢纽，从当年的历史照片中我们可以看到广场建筑群的发展。

纵览这一时期的建筑创作成果，不少作品不仅沿袭了建国以来现实主义的创作方向，并且在设计理念切入点的多元化、创作手法的多样化、作品的个性化等等方面均有建树，概括地说，有下列几方面的表现：

1. 树立城市的观念，从总体环境出发，把握整体布局，立足于此时此地，照顾左邻右舍，整合群体面貌。

2. 从类型、规模、建设标准等方面，区别对待，从实际出发完善功能，精心推敲。

3. 运用先进科学技术，发挥材料的特性，增强科技含量，关注可持续发展。

4. 在空间形象上、选型上，无论是文脉的传承、符号的采撷、融合东西方手法等，发挥内部、外部空间在视觉上的创新。

在充分肯定20世纪中原建筑辉煌成就的基础上，回顾存在的一些问题，总结经验教训，克服负面影响，不断地提升设计水平，势将有利于新世纪阔步前进。

城市改造扩展的进程中，要加强规模控制与城市设计，避免大拆大建，切莫做出“建设性破坏”的蠢事，对待历史性优秀建筑加强评估立法，制定管理细则，做到旧的要保住，旧则自旧，使其延年益寿，切莫“返老还童”。这样可使一些代表性建筑和历史街区作为点点滴滴的城市记忆不断地延续与传承，彰显城市个性与特色。

社会主义市场经济制度的建立，房地产业的准入，国家注册建筑师制度的设立，建筑设计项目的竞标，专家评审制与措施对建筑设计水平的提高起到了保证与促进作用，在完善过程中克服那些设计市场紊乱，低价竞争，不顾设计周期，粗制滥造，以及强加的业主意志，长官钦点的弊端，才能调动建筑师的创作才能，把创作提高到一个新的高度。

深入开展理论研究，加强建筑评论，发挥主创人员与团队的作用，才能在“欧陆风”“假古董风”“玻璃幕墙风”“铺张奢华浪费风”等袭来的时候，保持清醒的认识，多方沟通宣传，深入分析探讨，提高设计人员对建筑文化认识的自觉与自信。

三分规划，七分管理，城市规划管理应起点高，做到先行一步，为城市建筑创作引领方向，起到提升建筑品味的作用，防止“专家错位，职业串行”这种招标流于形式的现象，坚决杜绝利用规划审批手段进行不正当交易的行为。

《中原建筑大典·20世纪建筑》的编辑立足于经历了时空的筛选、积淀与考验，即“精”（精品、佳作）与“典”（典范、经典）的建筑作品，有的作品虽然已重新整合、改建、包装、甚至拆除，项目重建，但作为当时的优秀之作，这次也列入大典，以期有一个历史的交代与对城市发展轨迹的了解。对建筑作品的评价，“仁者见仁、智者见智、不求一致”，只求能为了解和研究这一历史阶段的建筑作品提供一种参考。

新世纪到来，社会经济持续发展，城市化进程不断提速，中原建筑创作必将随着建筑现代化、科学化、地域化的进程在传承、探索、拓展、创新的道路上越走越宽。

河南省勘察设计大师、郑州大学建筑学院教授　顾馥保

目录

20世纪◎ 上

一 郑州市

二 开封市

十一 三门峡市

十二 商丘市

十三 周口市

十四 驻马店市

十五 南阳市

十六 信阳市

20世纪 ◎ 下

一 文化博览

二 教育科研

三 行政办公

四 商业综合

五 医疗卫生

六 体育竞技

七 交通通讯

八 宗教纪念

九 宾馆旅游

十 住宅民居

十一 风景园林

十二 工业建筑

中原建筑大典

20世纪建筑◎上

Selected Architecture in Central China

Building in the 20th Century

1 巩县兵工厂

建设地点：巩义市孝义镇
功能类型：军事建筑
建造时间：1915年-1921年
保护级别：省级

巩县兵工厂位于巩义孝义镇火车站北侧。原名陆军部巩县孝义兵工厂。厂区占地 46.67 hm²，周长约 8 km。南门为铁路专用线及3条支线，东门有厂警守卫，北门内是办公室，西门供职工上下班出入使用。四周砖砌围墙，墙顶设3道通电流的铁丝刺网，围墙外 10 m处又设一道倒铁刺织成的围墙。场内建有枪厂、压炮弹厂、炮弹工作厂、引信厂、机器厂、电厂等，由上海姚国基、王金记两建筑公司承建。1929年，枪厂改为制枪厂，压炮弹厂、炮弹工作厂、引信厂等合并为炮弹厂，电厂改为动力厂。制枪厂为工字形3层楼房、动力厂为2层楼房。厂内设有检验步枪的实弹靶场，制枪厂附近地下设有烈性化工原料库及弹药库。动力厂安装2×1 000 kw发电机组，建有 50 m高烟囱2座、木制滴水凉水塔一座，是当时河南装机容量较大的电厂。厂内附属建筑有在西门外修建的24孔窑洞的职工宿舍、职工学校、艺徒学校、职工浴池等，另在厂西南隅建水塔1座，机井4眼，供全厂职工生产及生活用水。并且，厂内挖有相当规模的防空洞，厂房门口均设有地道口。地道由红砖圈拱砌筑，宽 1.5 m，高 1.9 m，有照明、通风设备，地道交叉口和转弯处有指示牌，并设有办公室、厕所等，地道出口在厂区数里外的旷野。抗日战争开始后，南迁湖南长沙、湘西烟溪，1938年迁至重庆鹅工岩。原厂房被日寇炸为废墟，现仅存2座烟囱、1座水塔和部分地道。

招待所

部分遗址

水塔

2 巩县刘镇华庄园

建设地点：巩义市南河渡乡
功能类型：住宅建筑
建造时间：民国时期
保护级别：省级

刘镇华，清朝末年人，早年曾参加同盟会，进行反清活动，后靠镇嵩军起家，任镇嵩军司令。巩县刘镇华庄园位于巩县南河渡乡神堤村。整个庄园共分3个院落—上院、北院和南院。上院位于神都山半山腰的台地上，是主宅区，周围寨墙由红岩石砌成。主宅院有16孔窑洞、12间平顶楼房和3间青瓦平房。主宅前为东、西两院，东院有窑洞8孔，临街房5间；西院有窑洞3孔，厢房及过街房34间。窑洞为石砌山脸砖拱圈，楼房为硬山式砖木结构，青瓦覆顶，前檐有砖柱平台，炉渣白灰打顶，木楼板，外廊木地板及雕花木栏杆，窗棂子安装玻璃 。为保卫庄园，在神都山山顶还建有一座碉堡，早于上世纪50年代被毁。北院的主体建筑是一栋两层的楼房，其中糅入了许多欧式风格元素，既古朴典雅又洒脱别致。南院是刘家花园，1931年，园内正中兴建了一座大楼，俗称“仿重庆大厦”，是刘镇华庄园建设最晚的一栋建筑。大厦长 18.1 m，宽 13.2 m，高约 12 m，青石为基，青砖砌墙，楼中间部分突出，呈三棱形平面，楼前有三层 6×3 m阳台，水泥抹面，下有2根水泥柱立于青石柱础上，门前石砌台阶5级。整座大厦加上地下室共4层72间，全部为砖木结构。楼房坐北向南，卫生间、浴室一应俱全，卫生间内贴的是德国进口的瓷砖，到现在色彩还依然十分鲜亮。距离主宅院 200 m的地方，是刘镇华1933年任陕西督军时兴建的一座三进天井楼院——刘氏家庙。刘氏家庙现存楼房48间。灰色瓦房14间，都为硬山式建筑。 庄园融西方建筑与中原传统民居为一体，是一处典型的民国时期中西合璧的官僚地主庄园。2000年9月25日，刘镇华庄园被公布为河南省重点文物保护单位。

庄园北院

庄园北院鸟瞰

背立面

檐口栏杆

上院内庭

仿重庆楼鸟瞰（修复前）

欧式壁炉

修复后的仿重庆楼

地下室拱券开窗

二楼客厅

Selected Architecture in Central China *Building in the 20th Century*

3 南乾元街75号院

建设地点：郑州市菜市街与南乾元街
功能类型：居住建筑
建造时间：民国时期
保护级别：市级

南乾元街75号院在菜市街与南乾元街交叉口向南不远的地方，作为20世纪初期的民居，是具有一定中原地域历史价值的住宅建筑，南乾元街75号院建设于民国初期，建成年代约为20世纪初。现今，整个房子破败萧条，院子狭窄不堪。房子的大梁是一根直径近 50 cm的整根圆木，青砖和支撑走廊的木头柱子历经百年依然坚固。木窗现在还在使用，制造窗子的原材料并非一般木头。房子除了墙面和屋顶用了青砖和灰瓦，其余的构造全部使用木头。楼梯和二楼的走廊用木头搭建，还有木头的栏杆。地上铺的青砖，青砖下是木头做的承重层。

墙壁砖雕

漏窗

院落现状

4 郑州日本领事馆

建设地点：郑州市东三马路
功能类型：办公建筑
建造时间：1933年
保护级别：市级

郑州日本领事馆位于今郑州市东三马路80号，是日本人于1933年兴建，占地面积 0.28 h㎡亩，建成砖木结构楼房2幢，房间52间，建筑面积 780 ㎡。前楼建有腹壁、后走廊；后楼前有阳台，后有一层出厦走廊。楼内客厅为水磨石地面，楼下有地下室与猫耳洞；楼上两端有走道，与前面阳台和后面走廊相通。两楼均为木门窗、木楼梯、木楼板，部分天花板为拱形垂角，顶覆铜铁丝连之青瓦，楼前有青石铺砌成的台阶。该建筑现保存较好，为中原大厦服务公司使用。

领事馆全景

主楼正面

主楼背面

5 北大清真寺和清真女寺

建设地点：郑州市北大街
功能类型：宗教建筑
建造时间：清末明初
(1953年,1982年两次翻新)
保护级别：省级

郑州北大清真寺是伊斯兰教在郑州建造最早、规模最大的清真寺。始建于元末明初，位于北大街128号，为郑州伊斯兰教传播发源地。寺院现为两进院，中国传统宫殿式建筑，主要由大门、望月楼、大殿、南北讲堂、浴室、殡仪馆组成。清真寺正门面阔三间,进深二间，单檐歇山顶,建筑面积 96 ㎡。房顶覆以灰筒瓦，脊上浮雕莲花,戗脊前端置以云盘，檐下饰斗拱一斗二升，明间用石柱四根，平面呈小八角形；周围用木柱，中间为木制通柱二根，两柱前后有高达 1 m的抱鼓石二对。门前有月台，方砖铺地，设垂带式踏跺四级。望月楼又名唤醒楼，是伊斯兰教寺院中特有的建筑。上下两层，平面正方形，重檐歇山楼阁式建筑。瓦顶及山面饰黄绿二色琉璃瓦花纹和悬鱼博风,脊上雕饰莲花，下檐用一斗二升加麻叶头斗拱，上檐置单昂三踩斗拱，转角用重昂把臂厢拱。望月楼两侧各有硬山单披式掖门。大殿亦称礼拜殿，为清真寺的主体建筑，高约 10 m，面阔五间，进深四间，有卷棚、前殿、后殿和庑殿式后窖。四座殿宇前后相连，称为勾连搭式。殿顶用琉璃瓦和灰瓦，脊上浮雕花草纹饰。卷棚用四根石柱为小八角形，上刻阿拉伯文对联。礼拜殿前两侧为讲堂和硬山单披式掖门，设有陪房、沐浴室等。北大清真寺身旁，有座不大，但古朴、幽静的院落，就是郑州的第一座清真女寺——北大清真女寺，自1912年建寺。寺院坐西朝东， 朝向麦加方向，现有门楼和拜殿一座。女寺的门楼为飞檐琉璃瓦结构，放有一块牌匾，上写“清真女寺”四个大字。拜殿为中国传统古典建筑，绿瓦灰砖红柱。拜殿三间三进，可容200余人同时礼拜。

寺院入口广场

北大清真寺门楼

北大清真寺望月楼

北大清真寺拜殿内部

清真女寺门楼

清真女寺拜殿

6 天主教堂修女楼

建设地点：郑州市二七区解放西路
功能类型：宗教建筑
建造时间：1912年
保护级别：市级

天主教堂修女楼是1904年意大利传教士在郑州建设的天主教会建筑群中唯一保留下来的建筑，是郑州少数仅存的欧式教堂建筑。位于二七区解放西路81号2号院，抗战后改为公教医院。

修女楼平面为正方形坐北朝南，竖向长条形采光窗外饰拱式窗套，包括拱式门套，屋顶采用红色机制平板瓦坡面，上开老虎窗。建筑主体使用墙体承重，楼板的水平载荷使用木梁承托，屋面的檩条直接搁置于砖柱上。从外观来看，仿照欧洲文艺复兴时期建筑，有明显的巴洛克风格，同时又吸收了中国传统建筑的制式。修女楼内部大量使用了木质装饰，如木门、木地板、木吊顶、木扶手、木窗棂等，并且保存较好。走廊地面铺着瓷砖，厚重的朱漆对开木门，木扶手和窗棂雕着纹饰，更显古朴和精致。内部砖砌的墙体，厚度近 50 cm。无论是承载重量还是咬合程度，都明显出色。修女楼楼外的窗户呈拱形，构造复杂，且砖砌的造型十分优美。

修女楼正立面

修女楼侧立面

7 彭公祠

建设地点：郑州市二七区人民路
功能类型：纪念建筑
建造时间：1925年
保护级别：市级

彭公祠位于河南省郑州市，铭功路北段东侧，现人民公园内，落成于1925年10月10日，是纪念彭象乾的建筑—铭功园的主体，铭功园为彭象乾建立骑马铜像，树碑铭功，上刻“护国佑民”及阵亡将士姓名，市民俗称该园为“彭公祠”。主体建筑日本侵华战争时期已毁，据传铜像在抗战中被日军掠走，原汉白玉碑记“文革”中被毁，现存五座6角纪念凉亭以及“破四旧”时砸坏的汉白玉石碑残存一块 。彭公祠于1957年并入人民公园。

彭公祠纪念凉亭

8 郑州豫丰纱厂

建设地点：郑州市布厂街
功能类型：工业建筑
建造时间：1920年
保护级别：市级

郑州豫丰纱厂位于今郑州市布厂街豆腐寨，由上海棉纱商穆藕初集资于1918年购地兴建。该厂占地 6.4 hm²（后扩大至 15.87 hm²）。先后建成大车间、摇纱车间、成包车间、布机车间、动力房、锅炉房、大仓库、机料库等，其中厂房、动力房、锅炉房等为钢筋混凝土结构，宿舍、厨房、传达室等为砖木结构，建筑面积 21 203.55 m²。此外，厂区打机井7眼，供生产、生活用水。该厂曾拥有职工6170人，日产棉纱120件，为当时中原地区规模最大、设备最先进的棉纺织厂。抗日战争爆发后，设备迁往重庆。1951年，在旧址重建棉纺织厂，即今郑州第二棉纺织厂。

郑州豫丰纱厂宿舍

9 胡公祠

建设地点：郑州市二七区人民路

功能类型：纪念建筑

建造时间：1932年

保护级别：市级

祠堂斗栱细部

郑州市人民公园是郑州解放后兴建的第一个综合性公园，公园的南门有一座老建筑，胡公祠，为纪念知名的爱国将领、杰出的民主主义家胡景翼将军而建。

胡公祠是一座五楹单檐歇山式仿明清大殿建筑，翠柏红垣，古色古香，为郑州当时一景。具一定文化价值，现存大殿、大门。殿高9 m多，占地约100 ㎡，两座威严的石狮分居大殿前甬道两侧，由于风化，石狮轮廓已不清晰，但依旧气势逼人。大殿外平台四角环绕着汉白玉柱，并以铁链相接，这几根汉白玉柱是按原来的样子重新制作的。抗日战争时期，在殿前的台阶下曾经挖过一个防空洞，现在已经填上。大殿绿瓦红垣、飞檐斗栱、层层出挑。殿前楹门阁扇，做工精巧。最引人注目的是大殿四角的斗栱，雕刻的木质纹饰凌空飞翘，像飞龙惊飞时分出的层层波浪，给人以淋漓尽致、繁缛奢华之美。大殿的红色立柱大都和斗栱这种不对应的处理，只有陕西的一个衙门中出现过，郑州是第二个。这种斗栱和立柱不在一条线上的设计的确罕见。按照建造年代划分，胡公祠算是民国建筑，但其建筑风格又和民国乃至清朝的建筑风格不一样，设计建造精美独特。2008年郑州市拨款对胡公祠大殿进行修复，使祠堂焕然一新。目前胡公祠保存大殿，祠门，古树等，作为人民公园南门，祠园格局保存完好。

祠堂正立面

10 郑州黄河第一铁路桥

建设地点：郑州市
功能类型：交通建筑
建造时间：1905年
保护级别：市级

距郑州市区28km的古老黄河上，有一座“中国黄河第一铁路大桥”历经沧桑，见证了郑州近百年来的发展历史。在这座立有“中国黄河第一铁路桥遗址”石碑的铁桥前，竖着一个铁牌，上面写着：“中国黄河第一座铁路大桥……”。

黄河第一铁路大桥是当年清政府找来洋人设计建造的。1905年2月1日大桥竣工。从此，京汉线的火车由汉口始出，经停郑州，通过郑州黄河铁路大桥，达终点北京卢沟桥站。毛泽东主席和周恩来总理到郑州视察工作时，也多次到过这座铁路大桥。1986年10月，郑州黄河公路大桥建成，第二年国务院批准将郑州黄河铁路大桥拆除，只有南端5孔 160 m作为历史文物保留下来。

大部分钢梁已拆除

大桥现状

桥头堡

11 巴巴墓（亭）

建设地点：郑州市解放路
功能类型：宗教建筑
建造时间：解放前期
保护级别：市级

郑州“巴巴墓”是中国现存的回族古墓之一。它座落在河南省会郑州市中心的解放路52号院内，与二七广场及火车站毗邻。墓内安葬着阿拉伯友人穆斯林先贤默穆都哈，由于他具有高深的宗教修养，被尊为“巴巴”，其坟墓称为“巴巴墓”。

小亭的窗棂嵌满花纹玻璃，透过玻璃依稀可见亭内大致南北走向，突出一个裹盖黄色绸布的拱形墓冢，前有一碑，上书“山海默穆都哈大人墓”，墙上挂有整理后的墓志及香炉等物，显得颇为神秘。小亭环廊内的青砖基座，六面檐线为青瓦。木梁上有彩绘，六根碗口粗的廊柱上为朱漆着色。

巴巴幕现状

小亭角梁

12 南关街熊儿河桥

建设地点：郑州市南关街
功能类型：水利建筑
建造时间：清末
保护级别：市级

熊儿河桥很早就成了郑州南关的一处胜迹和独特风景，夹岸芦苇丛生，秋来芦花似雪，晚上月升中天，月光、水面、银白芦花与石桥相映成趣，被列为郑州八景。熊儿河为季节性排水河，是郑州市城市防洪主干河道之一，熊儿河目前最重要的功能是排污，郑州市有四分之一的污水是通过熊儿河排出的。2002年之前，熊儿河沿线原有大小桥梁42座，分别建于不同时期，其中最古老、最具文物价值的是这座南关街的熊儿河桥，也是郑州现存最早的石桥。

因年久失修，桥身多处损坏，几次翻修后将原单孔石桥修为双孔石桥。重修后桥长 33.33 m，宽 6.67 m，桥孔为一伏一券式，用大方石排列砌造。券上雕有飞禽、花草、海石榴、凤鸟等，正中券顶刻一兽头，怒目大嘴，象征镇服水患。伏石左右两角各刻一龙,龙头向上，四肢伸展,造型精美。从雕刻手法和生物形态来看，当创建于宋元之际。桥券净跨度为 4.67 m，矢高 2.33 m，整券基本上呈半圆形，与宋代建筑法式相吻合。桥两端东西各雕卧象一躯，两侧砌有石栏、石柱，各为九柱八栏，柱上雕刻石狮，造型各异，精美异常。石狮东西各六，其东侧一头母狮爪下伏一小狮，故远看西六东五。1978年政府依旧式对桥进行扩修，对桥基洞券加高加固、桥面加长加宽，两边加修人行道，铺设柏油路面，两侧仍为九柱八栏的水泥护栏。扩修后桥长 27.9 m，宽 13 m，高 6.3 m。

熊儿河桥

桥券上雕饰

桥洞

13 开封天主教修女院

建设地点：开封市
功能类型：宗教建筑
建造时间：1937年
保护级别：市级

1936年天主教本笃会为了协助开封教区开展传教活动，派美籍修女罗素英等四人来到开封，由方修女任院长。本笃会修女在自由路中段路北购得原开封救济院地址全部房地产，拆除旧房，新建两层楼一座(即现开封宾馆2号楼)及平房三十余间为会址(即现开封宾馆地址)。占地 0.8 hm²，二层楼建筑面积为 1 144 m²作为修女居住。该建筑据说系我国著名建筑师杨廷宝教授赴美留学回国后设计。

修女楼系两层中国仿古建筑，平面为U形，坡屋面，灰瓦歇山顶，清水砖墙，白灰勾缝，东西对称，东西长 46.70 m，南北宽 21.45 m，有东、西、北、中四个出入口，正门居中，门庭为两柱式歇山挑角门廊，北面、东西两角门与南立面正门建筑作法相同，东西侧角门雨蓬为中层悬挑坡顶，青瓦屋面，整个建筑为砖木结构。木楼地板、木楼梯、木屋架、木檩椽上铺八砖，座灰泥，上铺灰筒瓦，屋脊镶吻兽，通气孔和烟囱为清水砖墙，上封四坡灰瓦顶，做工细腻，装饰秀丽雅致。门窗为中式清末花式，制作精细优美，油棕红色大漆。建筑北面为封闭北廊，木楼梯东临主入口大厅。整个建筑的门窗、开间进深，层高等配合协调统一，尺度适宜，不失为一座成功的仿古建筑。

本笃会兴建此建筑时，在该楼西北侧 7 m处建一方形青砖砌筑的水塔一座，塔高 20 m。楼南 50 m处临街为一三开间坡顶歇山大门，门前有石墩，外设两园柱歇山门廊，廊前有垂花拄和透花雕饰挂落，石砌踏步，大门两侧为砖雕实墙面，筒瓦压顶，是一组精美的仿古大门建筑。该大门已于1990年拆除改建为御楼餐厅。

该建筑于1958年后改为开封宾馆的高级客房，1988年重新进行全部内部装修，门窗改为铝合金门窗，茶色玻璃，以接待贵宾之用。

修女院

14 河南省第一工业学校旧址

建设地点：开封市
功能类型：教育建筑
建造时间：1936年
保护级别：省级

学校办公楼正立面

“河南省第一工业学校”现存建筑原为河南省黄河水利专科学校办公楼，位于今开封市北道门街，由省教育厅兼河南大学校长李敬斋主持兴建，现为开封市第二中学使用。

办公楼为U形对称平面，南北宽 15.96 m，东西长 28.06 m，占地 413.38 ㎡，建筑面积 826.76 ㎡。砖木结构，木楼梯，内走廊，歇山顶，灰瓦屋面，西式木门窗，清水砖墙，窗头有装饰线角，为中西式建筑风格相结合的教学办公建筑。其前廊东墙上镶嵌有“民国廿一年五月奠基——张斐然”石碑一块。办公楼东、西两侧有配楼两座，为二层楼，主体为歇山式屋面。办公楼西北面有两座硬山顶的勾连搭建筑，当时为图书馆之用。

15 开封万福楼金店

建设地点：开封市
功能类型：商业建筑
建造时间：清末
保护级别：市级

沿街立面

开封万福楼金店位于今开封市鼓楼街路北。始建于清朝末年，为万福楼业主石麟清去上海参观后自行设计，由工匠徐清楼承建。是开封影响较大的商业建筑之一。

万福楼金店占地面积 0.051 h㎡，东西长 14 m，南北宽 22 m，高 14.5 m，建筑面积 616 ㎡，3层砖木结构，小青瓦坡顶。该楼为前店后坊的平面布局，1层前部分为营业大厅，后部分为手工作坊；2层为账房及职员办公用房；3层为仓库。万福楼金店正立面采用了西欧17世纪的巴洛克式建筑风格，双重扶墙圆柱，阳台及门窗上敷以彩绘浮雕,图案精美,做工细腻，显得富丽堂皇。该建筑保存尚好，现为商铺。

16 开封南关邮政大楼

建设地点：开封市
功能类型：邮电建筑
建造时间：1917年
保护级别：市级

南关邮政大楼位于中山路118号院内，原为河南省邮务管理局邮政办公及营业大楼，简称“南关邮政大楼”。1917年6月10日动工，由当时在开封的河南邮务管理局邮务员张松友负责筹建。邮政大楼设计为英国人，承建单位系英国在华的建筑公司，该大楼和东、西红洋楼共投资为 329 167.71元，所用石料由安徽徐州运来，砖瓦和施工用水均用火车从外地运来，有些钢材、木材、砖瓦来自国外，1921年竣工投入使用。

原大楼局部三层，其余二层，设一层地下室作为仓库使用，建筑面积 2 840 ㎡，砖木结构，木楼板、木梁、木柱、木屋架，瓦屋面，红砖清水墙，青石勒脚、基础，钢门窗带铁栅栏。平面为U形，坐西面东，正面三个出入口， 外设三个八级石砌台阶。南、北、中对称布局。该楼南北长 18 m，东西进深 24 m。窗间墙厚 370 mm，扶壁柱厚 490 mm。地下室原为仓库，有通风道和锅炉房。在开封第一次解放时(1948年)，二楼被焚毁，底层仍有几十间房屋尚可办公使用。1957年在原来底层基础上，将木楼梯改为钢筋混凝土楼梯，楼层和屋面改为现浇钢筋混凝土梁板、柱结构，1958年11月竣工。后由商业局百货公司使用，即今日的南关百货大楼。

该楼是开封市建设较早的西方近代建筑风格的邮政建筑，整个立面庄重、严谨，装修细致考究，立面处理对称而又富变化，色调宜人，细部协调，反映出设计人丰富的经验及较高的素质，施工质量上乘，成为当时一幢优秀的建筑作品。

开封南关邮政大楼

17 开封东、西红洋楼

建设地点：开封市
功能类型：居住建筑
建造时间：1917年
保护级别：省级

红洋楼位于开封南关民生街17号院内，东红洋楼系当时英国邮务长阿良西公寓，规格高于西红洋楼，西红洋楼当时为会计长丹麦人光器格居住公寓，红洋楼由省邮局公务员张松友负责兴建，1917年设计并于同年动工，1921年5月迁入使用，占地 2.26 h㎡。红洋楼系西式近代建筑，红瓦坡顶，红砖清水墙，白灰勾缝，红洋楼因而得名。

东红洋楼地下一层，地上两层，建筑面积 880 ㎡，东西长 76 m，南北长 17.4 m(主体尺寸)楼后有六间附属用房及 125 ㎡小院，其建筑为18世纪巴洛克式建筑，红机瓦，坡屋面，红砖清水墙， 白灰勾缝及局部水泥拉毛外装修，木地板，木楼梯，水卫厨厕齐全，木制门窗，外装修以红色为主调，装饰细腻，做工考究，造型随平面功能而变化， 外廊及阳台栏杆为西方花瓶式竖柱邻列，为典型的西洋公寓。西红洋楼地下一层，地上两层，建筑面积 550 ㎡，东西长 17 m，南北长 14 m(主体长度)，楼后有附属房7间，及 68 ㎡小院，建筑平面为丁字形，正门内有大厅和会客室,侍卫人员住室，西侧为餐厅，底层后侧有转折式三跑楼梯，楼上为卧室、书房、起居室，装饰考究，建筑造型活泼自由，空间层次丰富，尺度适宜，但光线较暗，通风不甚理想。

抗战胜利后，曾为联合国救济总署河南分署所在地，1946年7月周恩来与国民党代表谈判黄河归故道时在此下榻。1952年10月30日，毛泽东视察黄河柳园口时，也下榻此楼。

西红洋楼

东红洋楼

东红洋楼北面

18 尉氏刘青霞故居—师古堂和刘家西院

建设地点：开封市
功能类型：住宅建筑
建造时间：1880年
保护级别：国家级

尉氏刘青霞故居位于刘家胡同，坐北朝南，建于清光绪六年（1880年），是典型的并排两座三进四合院。左右对称，共6个小院构成的一个整体，共有房70余间。尉氏县城内师古堂（东院）及刘家西院，原是刘青霞丈夫刘耀德庄园中的一部分，原占地 12 700 ㎡，是一座奢华、雄伟的大型四合院式建筑群，全盛时有房300余间，一排三座插花走兽大门，门前有平台，台前是存放车轿和拴马的广场，广场东西两端是两个走车大门，通往县城东西大街。

师古堂是刘青霞生前居住的地方，原为三进院。现存的主院内三面是楼，有房36间，是一组全部使用水磨砖砌有廊厦的天井院。檐下透雕花砖装饰，青瓦高叠脊出兽，下层木柱出檐一周，大亮窗，室内雕花木隔扇，中间楼梯可直登上层，是清末时期北方民居四合院式建筑和当时衙署建筑格式的混合体，是刘家庄园中最好的一个小建筑群。这个小建筑群也可以视作是清末民初建筑风格转化时期的典型之作。刘家宅院房屋檐、廊、柱、隔、门、窗多为木制，虽说不上雕梁画栋，却也有不少木雕，楣子及花牙，坚实牢固，门敞窗明。加上清一色的青砖，配以叠瓦花脊、墀头、檐板、砖雕等饰件。碧玉素裹，雅而不俗，确是一座颇有特色的建筑群。刘青霞故居大门对过路南的一座四合小独院，进门西拐,西房为正室，是刘家两宅院的附属部分。房屋建筑，构造格式和北院大致相同。

故居内院

故居鸟瞰

19 同和裕银号（刘少奇在开封陈列馆）

建设地点：开封市
功能类型：商业建筑
建造时间：1928年
保护级别：省级

同和裕银号位于开封市北土街南段路西，由其总经理王宴卿于1928年兴建。1933年银号倒闭，后改为河南省银行，省工商银行，市人民政府一号院，今为刘少奇在开封纪念馆。

该建筑东西长 36 m，南北长 15.6 m，建筑面积 1 341.3 ㎡，中间有 114.5 ㎡天井院。东院为3层砖木结构营业楼，底层5间，进深 11 m，为营业大厅，厅前有4根2层楼高的圆形木廊柱，两侧为半圆形扶壁柱，3层对应部分为外阳台，建筑面积 171.6 ㎡。营业楼西面为一内天井和2层外廊式楼房围合而成。东楼及西楼各有一木质玻璃门窗，木地板。金库设在营业大厅地下室内。该建筑立面造型雄伟壮观，平面布局严谨，是一座较有代表性的西式近代建筑。

主楼

内院的刘少奇雕像

主楼鸟瞰

20 开封人民会场(国民大戏院)

建设地点：开封市
功能类型：会堂建筑
建造时间：1928年
保护级别：市级

开封人民会场位于今开封市自由路西端路北，为当时河南省政府代主席薛笃弼于1928年兴建，开封市市长李公甫工程师设计，建于相国寺西侧栗大王庙的旧址上。原名国民大戏院。

该建筑平面呈长方形，南北长 57.3 m，东西宽 33.7 m。门厅立面高 19 m，中间4层，两翼3层，屋面上有 1 m高女儿墙，前部希腊式柱廊高2层，上设平台。首层窗为方形，2层方形窗上设三角形窗檐；3、4层为圆形。观众厅在门厅后，分东西3跨，主跨 24 m，副跨各 5.1 m；主跨高 12.28 m，上为豪式木屋架，副跨高 8.56 m，上为半豪式木屋架；观众厅上楼座，南北长 32.4 m；舞台高 1.3 m，台口宽 18 m，进深 12.5 m，顶高 12.4 m，东西两侧各有 40 ㎡的附房对称布置。舞台后部有 105 ㎡的化妆室。观众厅中部设长凳座位，两边跨为站票区。后又增建露天电影场、大鼓书说书房、幻术房等。该建筑原为砖木结构，西方古典折衷主义建筑形式。解放后进行了较大改造，门厅改为砖混结构，木楼板改为钢筋混凝土楼板，面积与平面有较多变化。1979年改为人民影剧院，并经过重新修建。21世纪初期改为俱乐部。

20世纪70年代正面外观

20世纪90年代正面外观

21世纪初正面外观

21 河南省博物馆旧址

旧址内庭

建设地点：开封市
功能类型：文化建筑
建造时间：1927年
保护级别：省级

1927年7月，在冯玉祥将军的极力主张下，成立了“河南博物馆”筹备委员会，馆址设在开封市三胜庙街30号。1928年5月，更名为民族博物馆。同年10月举办《民族模型陈列》正式对外开放。

博物馆分为前、中、后三进院落，前院为配套服务用房区，中院为展览用房区、后院为文物库房、办公、会议用房区。前院、中院建筑以中国传统砖木结构为主，采用中国传统的园林式布局，后院建筑以仿欧式建筑为主，整体上也自成一体，平面呈“回”字形，中间有一天井，但其整体建筑格局却是深受中国四合院建筑的影响。为第五批河南省文物保护单位。1961年，河南省博物馆随省会由开封迁至郑州人民路。河南省博物馆迁址后，在原址成立了开封博物馆并对外开放。开封博物馆又于1987年迁至位于开封市迎宾路26号的新馆，老博物馆旧址逐渐被分成了家属区和办公区两部分。

22 华北体育场

建设地点：开封市
功能类型：文化建筑
建造时间：1931年
保护级别：市级

华北体育场原名为河南省公共体育场，落成于1931年9月，占地面积8.19 hm²，是民国时期著名的冯玉祥将军主政开封时建设的。华北体育场在当时全省乃至全国都属规模庞大的体育场所，也是开封市仅存的关于公共体育设施历史遗迹。因1931年曾在此举办第十六届华北运动会改名为“华北体育场”。现仅有南大门留存。

南大门

23 红　楼

建设地点：开封市
功能类型：住宅建筑
建造时间：1904-1906年
保护级别：市级

红楼位于河南省开封市禹王台景区西南角，坐东朝西，为具有欧洲建筑风格的两层小楼，建筑格局保存尚好，大体上保持了当年的建筑风貌。红砖墙、红色木质地板、红色屋脊，从内到外，从上到下，小楼均以红色为主调，故名红楼。主楼是一栋面阔五间，进深一间的红砖欧式两层楼房。进入正门向左右分开是封闭式的带窗走廊，沿走廊南行至楼头，拾级而上可到二楼。楼上五间房前的走廊和下边的不同，是过腰高的砖砌花眼栏杆。整个建筑外观没有过多的雕饰，实用而简约、大方。红楼的建造疑与修建陇海铁路有关，约建于光绪三十年至光绪三十二年之间（1904年至1906年）。红楼位于现在的禹王台公园东南部的翠柏林间，为公园的办公楼。上世纪80年代初，红楼上层因失火被烧毁，现存建筑为灾后复建。红楼是中国近代历史和古城开封发展的见证之一，具有重要的建筑历史价值。

红楼

24 开封阵亡将士纪念塔

建设地点：开封市
功能类型：纪念建筑
建造时间：1928年
保护级别：省级

开封阵亡将士纪念塔坐落在中山路南段马路中间，是冯玉祥为纪念北伐战争中阵亡的将士而建。塔呈六角形，尖顶，总高 23.30 m。

塔基座为圆形，直径 3.05 m，高约 1 m，皆用青石砌成。直径 3.05 m。基座上为塔座，塔座分三层：下层为12棱圆柱体；中层为6棱圆柱体，均为砖砌，水泥抹面，这两层各高约 2 m；上层为隐约分为6棱，直接承托塔身，衔接上下，高约 2.5 m。塔身为6棱圆柱体，下面较粗，往上渐收渐细，高约 15.30 m。塔刹为6棱圆锥形，高约 50 cm。

民国23年(1934)，在塔北侧建立了以张钟端为首的河南辛亥革命十一烈士墓。墓建成后，塔更名为辛亥革命纪念塔，并将周围地带辟为墓园。1981年十一烈士墓迁往禹王台公园，塔留存至今。

纪念塔现状

25 天主教河南总修院

建设地点：开封市
功能类型：宗教建筑
建造时间：1930年
保护级别：省级

天主教河南总修院又称天主教神哲学院，是培养神职人员的高级宗教院校。该项目兴建于1930年，到1958年4月因故停办，前后历时28年，是当时天主教在河南培养神父的最高学府。天主教河南总修院位于河南省开封市区东部，现占地 1.73 hm²，近代建筑群保存基本完好，主要包括修道院大门、主楼和小教堂。主楼平面布局为内向合院，且有外廊环绕一周，因此俗称“转楼”。在功能分区上，主楼被分成两个部分，西面是哲学院，东面是神学院。

主楼建筑面积为 4 575.12 ㎡，高两层，在东南、西南、东北和西北四个角部设置有楼梯。正入口在南部正中，北部中轴线以西开有小门，通过连廊联系北侧的小教堂。连廊南北走向，北端正对小教堂南侧廊门。小教堂全称为“无玷圣母堂”，为东西向的巴西利卡平面布局，祭坛朝东，主入口在西侧山墙，与欧洲教堂建筑平面布局一样。东部祭坛后是两层，二层为唱诗班位置。整个建筑构件多采用中国传统建筑的做法，但不拘泥于固有的形式，既适合实际情况，又具有中国传统的建筑神韵。雀替图案由透雕或者浮雕构成，主要造型是植物的纹饰。勾头均以龙和植物纹饰为图案内容，做工精细。柱础是圆鼓造型。前主楼处垂脊脊端部分的垂兽位置端坐有两只小狮子，栩栩如生，为建筑平添几许情趣和亲切，立面造型和构造结构协调统一。天主教河南总修院是中国目前唯一一所保存最完整，独具风格的修道院，其建筑规模较大、气势宏伟、做工精细、造型优美，是中西建筑艺术巧妙融合的精致表现。

总修院大门

大门细部

内院

主楼西部

小教堂

主楼东部

Selected Architecture in Central China Building in the 20th Century

26 开封兴隆庄火车站站房

建设地点：开封兴隆县

功能类型：交通建筑

建造时间：1913年

保护级别：省级

兴隆庄车站站房为宫殿庙宇式站房，位于开封县兴隆乡北部兴隆车站西侧陇海铁路北 5 m处，面积约 150 ㎡。该建筑始建于1913年，1915年临时营业，1916年元月正式投入使用。兴隆庄车站老站房是开站时由比利时国所建，其建筑工艺独特，美观大方，是典型的比利时建筑风格，是一座保存完好的欧式宫殿庙宇式建筑，具有较高的艺术价值和历史价值。为第五批河南省文物保护单位。

兴隆庄车站日本站长室，位于主体建筑宫殿庙宇式站房西侧，是日本人所建，是老站舍的附属建筑，是典型的日本侵华罪证，其建筑风格是典型的日本风格，建筑特点独特，工艺简单大方，布局合理。其防空洞位于西侧，属当时日本人所建，其工艺简单、坚固，设计小巧合理、安全。两处建筑均属日本侵华时所建，是目前陇海全线保留较为完整的日军侵华罪证，也是历史的鉴证。兴隆庄老站舍不仅建筑特别，造型美观大方新颖，而且坚固、实用性强，在建国前和建国后，均发挥着它独特的作用。有较高的历史价值，美学价值与文物价值。

站房原貌

车站日本站长室

站房正立面

27 河南留学欧美预备学校旧址

建设地点：开封市
功能类型：教育建筑
建造时间：1912年
保护级别：国家级

河南留学欧美预备学校是河南大学的前身，其校舍利用河南贡院的部分旧房改建。民国初年，经划定校园范围后，由李敬斋先生主持校园整体规划，占地面积约 6.67 k㎡。中州大学时期，即1923－1927年，校园面积为 73.33 k㎡，进一步完善了校园规划。

河南大学近代建筑群是中国近代教育建筑的精华之作，有着重要的历史价值、艺术价值和科学价值，具有深刻的文化内涵和人文意蕴。

主要近代建筑物有：

1、校大门

河南大学大门是1936年兴建的。为四柱三楼式牌楼建筑，砖木及混凝土结构。下设3门，中间通车，两侧门可供行人通过，门楼两侧为布瓦顶耳房两座，是门卫值班室，功能齐备实用。

大门为南北两个牌楼圆拱相连，中为正楼，两边为次楼，形成重檐效果，是我国古代四柱三楼式牌楼的进一步发展，在保持传统特色的前提下更具实用性。大门上有筒板瓦、花脊走兽，下有斗栱承檐，椽飞起翅，四角如翼，正楼匾写“河南大学”，次楼匾额镶古典花纹，檐下额枋、雀替均作彩绘。南门楼是整个近代建筑群的标牌，它烘托得整个建筑群更加华丽壮观，层次分明。

2、大礼堂

1931年11月20日破土动工，1934年12月28日落成，总建筑面积 4 687 ㎡。位居校园南北主轴线和东西轴线的交汇点上，是一座宫殿式建筑。

大礼堂南北长 51.8 m，东西宽 44.5 m，高 24.4 m，礼堂分上下两层，设楼梯6座，重檐歇山式大屋顶，27 m跨度钢屋架，8根钢筋混凝土承重柱支承8架钢梁和楼板重量，水泥加固地基，青砖墙，大玻璃窗,窗户面积占墙体面积的五分之一，采光十分充足。

大礼堂以观众厅为中心，有观众席座2816个，可作讲演、放映、演戏及大型会议之用。讲台两侧楼上楼下共8间，作休息室、办公室、音乐室、化妆室、储藏室等用，也可作教室，每间可容纳60人就读。大礼堂南立面正中设3个双扇平开大门，门洞两侧有4组双柱，仿爱奥尼式直抵檐口的倚柱巨柱式，东、西、北有直通室外的疏散出入口，均为4柱卷棚歇山顶门廊，各面景色不同。门楼上部2层为办公用房。

建筑平面按功能安排，将门厅、观众厅、舞台三部分沿南北中轴线布置，采光、通风设计合理，重檐歇山式大屋顶四角挑起，左右对称，高低起伏，变化丰富，在近代技术条件下，是中国传统屋顶形式与大跨度空间完美结合的成功范例。整个大礼堂青砖灰瓦，叠檐飞阁，雕梁画栋，柱式挺拔高峻，在中西建筑手法的结合上及两种建筑艺术风格的巧妙运用上都有独到之处，成为河南近代建筑的优秀代表。

3、六号楼

1915年动工，1919年建成，建筑面积 2 300 ㎡，位居河大中轴线东侧南部，是河南大学最早的中西建筑手法相结合的教育建筑。该楼的设计工作是在当时李敬斋校长的指导下，由非专业设计人员武长发设计建造的。当时作教室和办公之用。该楼突破了中国古典建筑的体量权衡和整体轮廓，平面呈“J”字型，中间部分4层、两翼为3层。底层为基座层，灰泥粉饰，凹凸感强，二层以上为青砖清水墙，灰泥粉窗套，西式玻璃门窗，层与层之间周围用灰泥粉水平线饰。中间部分门口设大平台直抵二层，6根爱奥尼巨柱式贯通二、三两层，柱子之间间楣和二层窗楣分别设半圆形和三角形山花线饰，4层为红色圆券柱廊，花瓶形木质栏杆小柱。屋顶中部为悬山灰瓦坡顶，两翼为硬山四坡顶。其屋顶、墙体对称布局，中间高两侧低，颇具中国传统建筑艺术风格，而平面布局、柱式、门窗楣饰、圆券柱廊、花瓶形栏杆及灰泥线饰、窗套又为西方建筑手法，具中西建筑相结合的意蕴，给人以厚重稳固之感。

4、七号楼

建成于1921年，总建筑面积 4 350 ㎡，是当时的主要教学楼，位居河南大学中轴线西侧中部。楼高3层，其中半地下室1层。该楼平面呈“工”字型，主入口位居楼中部东侧，3个入口处均有歇山卷棚屋顶灰瓦门廊，西角红漆圆形木柱支撑，鼓形柱础，门廊屋顶下有木质透雕漏花挂落和雀替，轻巧通透，雅致明快。楼四周设西式木质门窗，酱红色油漆；窗间扶壁作塔什干式圆柱，贯穿二、三层，直通檐下，共80根，上下窗间为悬挑坡顶式灰筒瓦缠腰；歇山屋顶四角悬挑飞檐，上置套兽；建筑四周屋顶出檐 2 m，檐下全是垂柱及彩色木雕挂落，垂柱共有200多个，雕刻成垂莲柱头，垂柱间镶有2000块做工精细，画面内容各异的镂透雕花板。玻璃窗上有西式折叠式遮阳装置。整座建筑为青砖墙，灰瓦歇山式坡顶，上置通风孔，建筑立面层次丰富，色彩明丽，装饰细腻考究，华丽而典雅，既有强烈的时代特点，又不失民族传统建筑风格，且有极高的建筑艺术水平，是20世纪20年代中西建筑艺术紧密结合的建筑艺术精品。

5、东西斋房

建成于1923年，为3层砖木结构的学生宿舍楼，共6幢。清水砖外墙，外墙简单分割立面，水泥粉窗头套，红机瓦屋顶，三角形女儿墙整齐排列有锯齿形凹凸砌口，酷似我国城墙垛。设内走廊，房间沿内走道对称布置，每间房墙上有4个壁柜，供学生存放书籍等物，为当时少见。走廊北墙设有取暖壁炉和烟道、火墙，走廊终端为木楼梯。西入口为中国传统歇山式筒瓦顶门廊，下设垂花柱及木雕透花挂落，下有5级石砌台阶。

鸟瞰图

南大门

大礼堂

六号楼

六号楼西洋门楼

六号楼侧立面

七号楼

东西斋房（1）

东西斋房（2）

28 开封善义堂清真寺

建设地点：开封鹁鸽市
功能类型：宗教建筑
建造时间：1874年
保护级别：省级

善义堂清真寺位于河南省开封市鹁鸽市街路西。该寺创建于清同治十三年（1874），至清光绪十三年（1887）落成，由到开封行商的西北回民集资兴建，其初衷一为宣传伊斯兰教义，延续回族的风俗习惯，二为开设塾屋教育回族子弟，以使“读书明理”，故兴建之初只是一所主要具有教育职能，兼可议事礼拜的“善义堂”，而非完全意义上的“清真寺”。善义堂清真寺当时占地约0.67 hm²，有房一百余间，极为宏阔。由于风雨沧桑，现寺院存有一进院落，有大门、廊房、南北讲堂及礼拜大殿等建筑。此外还有清代三通石碑。大门为卷棚式门楼，灰筒瓦屋面。墀头砖雕精美，柱间木雕垂柱、雀替均工艺高超，形象生动。廊房明间东连大门，灰筒瓦屋面，为四檩卷棚式，进深一间，面阔三间，其南北两端又与南北讲堂前廊相连。廊房明间西侧设有四扇屏门，雕有伊斯兰文字及博古花卉图案，门上部悬有写有“清真寺”的匾额。南北讲堂建筑形式完全相同，皆为面阔五间的五架前廊硬山式建筑。干槎瓦屋面，银锭花瓦脊。檐下花板、雀替、垂柱等全都雕有形式生动、体裁丰富的图案。礼拜大殿为善义堂清真寺的主体建筑，体量庞大，由前(东)、中、后(西)三座硬山卷棚式建筑和后窑勾连搭而成。建筑屋面为灰筒瓦，各单体建筑之间以天沟连接。整个建筑东高西低，平面呈现凸字形。有砖雕、木雕装饰，雕刻手法细腻精湛。善义堂清真寺整个院内建筑屋面相连，布局紧凑，清幽雅致，为伊斯兰教传入中国并与中国传统建筑融合的重要实例。

清真寺鸟瞰

清真寺内院

清真寺大门

29 开封乐观街45号院

建设地点：开封市
功能类型：居住建筑
建造时间：1924年
保护级别：市级

该院位于今开封市乐观街45号，为官绅田梁玉兴建，是开封市现存较好的民居之一。 田宅为三进四合院建筑，坐北朝南，前院建有临街南屋5间，东南侧有2间临街大门及过道，当时未建东西配房，现有配房为1970年所建。中、后院主房、客厅、配房齐全。后院客厅东侧有厨房3间。所有建筑均采用清代小式民宅建筑格式，带有出厦前廊，内部装修讲究，尤其北屋主房更具特色。

该建筑以木结构为主，由柱、梁、檩、椽组成框架，构成不同房间的布置，如北屋主房，前后廊柱、金柱与中柱上承7架梁，前檐加廊步架一步，后檐从金柱外加廊步架两步，形成主房明为3间、实为6间（有前屋3间，后套房3间），中设楼梯。明间金柱与中柱之间为藻井天花。两次间为暗楼，中客厅有前后廊柱。左右配房及前院南屋有前后檐柱但无廊柱，前檐由方椽及飞椽悬出作为檐廊支撑。整个房屋为青板瓦屋面，正脊为叠瓦花脊，垂脊为叠砖扣瓦，两山为7层方砖博风封檐，前檐为挂板墀头。主屋两山用水磨方砖砌成廊心墙，外檐装修讲究。主房明间为4扇格扇窗，门窗上为八方锦窗心，下为雕花涤环板，并在外部安装有精美的帘架，帘架上安十字梅花玻璃窗心，下安双扇罩门。客厅正面为6扇玻璃屏风隔断，两侧有4扇玻璃木隔扇一道。所有格扇上下涤环板及群板，均有精美的图案雕饰。室内水磨方砖铺地，后改为水泥地坪。临街大门脊山高耸，有花脊饰头、垂脊扭头，两山砖博风封檐，前檐有凹面墀头等装饰。

鸟瞰图

正房

入口门楼

30 开封理事厅街天主教堂

建设地点：开封市
功能类型：宗教建筑
建造时间：1917年
保护级别：省级

天主教堂位于开封市理事厅街。为意大利籍主教谭维新筹资兴建，天津法商营造公司承建，1919年落成，占地面积 0.258 h㎡，建筑面积约 2 000 ㎡。主要建筑有圣堂、主教府办公楼、钟楼、2幢2层宿舍楼及食堂、餐厅等40余间。圣堂坐北面南，南北长 32 m，东西宽 21.6 m，高 12 m，局部3层，建筑面积 625 ㎡，十字型平面。南侧主入口为一对称的三开间高低跨硬山墙，中跨高 8 m，双坡瓦屋面，两边跨高 6 m，为单坡瓦屋面。中跨有5扇高 4 m、宽 0.6 m长条形窗，镶嵌彩色玻璃。

正中为 2 m宽、3 m高主入口大门，门两侧有圆形扶墙壁柱，柱上为外伸的双心圆拱顶。山墙檐口下为挑出墙外 30 cm扶墙小圆柱，柱上有花饰线脚组成的双心圆拱顶。东西副跨山墙檐下各有5个小扶墙圆柱，上敷双心尖拱顶。圣堂内北端设主祭台，东西两侧为更衣室。室内大厅为3开间，主间 8 m，两侧各 4 m，南北向有12根圆形混凝土柱分隔，每列6根，柱距 6 m。东西侧墙上部为长条竖窗，窗顶为双心尖拱，镶嵌红、黄、蓝、紫各色玻璃。圣堂内南北两列柱上端为双心圆尖拱，拱上混凝土梁压顶，系典型的17世纪西欧哥特式教堂建筑形式。主教府为天主教上层神职人员办公居住用房，东西长 31 m，南北宽 15 m，地上2层，地下室1层，大小房间33个，建筑面积 1 021 ㎡。水磨砖砌清水墙体，红机瓦四坡屋面。钟楼位于圣堂北面 3 m处，为一独立方形建筑，边长 3.7 m，清水砖墙，四周转角由砖角柱支撑，柱脚设矩形窗。钟楼共8层，高 40 m，顶部有一高 6 m的尖圆锥形混凝土塔顶，上有 3 m高混凝土十字架。最上层为1座 3 m高的钢质巨钟，直径 2 m。以上3组建筑保存完好，仍由天主教会使用。另有2幢砖木结构宿舍楼，保存尚好，现为开封市第十四中学使用。

教堂外景

圣堂

圣堂内景

教堂正面

31 开封后保定巷6号院

建设地点：开封市
功能类型：住宅建筑
建造时间：1935年
保护级别：市级

该院位于今开封市后保定巷6号，为开封商人许正源兴建。原为三进四合院。主宅在中院，后院为杂物院，中西结合的建筑形式。该建筑由砖墙承重，除主房3间外，均无前廊。主房从外形看，为中间3间两山各加一耳房，有3条正脊6条垂脊，两侧脊略低于正脊。但从室内看，脊檩安放在同一梁架上，分不出正房和耳房，西侧两间设有暗楼楼层，高程也在同一水平上。正脊为叠瓦花脊，垂脊为叠砖扣瓦，青板瓦屋面。除主房外其余房屋均为砖封檐。窗户为带有亮子的双扇玻璃平开窗，门为带亮子的双扇玻璃门窗。门窗均为弧形雕砖花牙砖拱璇，门窗上均安有木质弧形雕文金钱旋心木质地板。室内一般设木隔断，砖铺地坪,芦席天棚，仅上房明间为水磨方砖地坪。内间为木地板。所有油漆一律为棕色。大门仍按清式民居格式建造，高于临街房，有花脊饰头、垂脊扭头、方砖博风封山、前檐挂板墀头等装饰。该建筑后院已拆除，只存前两院，除部分屋前建有厨棚，二门过厅已拆除外，其余保存完好。

大门

正房入口

鸟瞰

32 开封包耀记南货店

外景

建设地点：开封市
功能类型：商业建筑
建造时间：1860-1870年
保护级别：市级

开封包耀记南货店位于今开封市南书店街55号。为南京行商包耀庭清同治年间兴建，是一座中西结合形式的商业建筑。包耀记南货店为3开间楼房，南北长 10.3 m，进深 6.5 m，建筑面积 132 ㎡。店门脸2层上有 3 m的女儿墙，以中式浮雕、线脚花饰装修。4根扶墙方柱，每层柱头横向层层推出精致的线脚，丰富了立面造型，门窗间以出墙壁柱加强立面层次和装饰效果。店内柜台、货架，均镶玻璃，柜台为中式尺度和油漆，货架沿口有细腻的木雕花纹，另有仓库 78 ㎡。该建筑保存尚好，仍在正常使用。

33 开封晋阳豫南货店

建设地点：开封市
功能类型：商业建筑
建造时间：1899年
保护级别：市级

开封晋阳豫南货店位于今开封市南书店街57号。为苏州商人唐禹平于1871年（清同治十年）在徐府街初建。1899年（清光绪二十五年）由王渭春购买商号迁至今址重建。晋阳豫南货店为砖木结构建筑，南北长 18 m，进深 7.2 m，2层店面，建筑面积 252 ㎡。店房面宽5间，设扶墙壁柱，上下窗间墙有层层挑出的磨砖线脚，并有寿星、仙桃、龙等中国传统浮雕。2层上有 3 m多高的女儿墙，墙面布满浮雕。整个商店为前店后作的传统布置，中西建筑形式互相渗透的建筑风格。该建筑保存尚好，仍在正常使用。

寿星浮雕

外景

34 开封静怡女子中学

建设地点：开封市
功能类型：教育建筑
建造时间：1930年
保护级别：市级

开封静宜女子中学位于今开封市双龙巷东段路北，为天主教意大利m兰外方传教会开封郊区主教谭维新委托美国山林圣玛利主顾修女于1930年购置民房改建，建筑面积约 3 000 ㎡。

该校主要建筑有教学楼、教师住宿办公楼及大礼堂等，均为砖木结构，灰瓦歇山式坡屋面，人字木屋架，木楼梯或钢筋混凝土楼梯，西式玻璃门窗，为中西结合建筑。教学楼2层24间，有宽 1.8 m外廊，砖雕檐口，建筑面积 922 ㎡；学生寝室楼原为3层，第3层为木阁楼，建筑面积 687 ㎡；另有礼堂一座，建筑面积 600 ㎡；饭厅及平房9间。现存教学楼、学生寝室楼，教师居住办公楼等3座主要建筑，经过多次维修，保存完整，质量较好，现为开封市第八中学使用。

柱廊

静宜楼

走廊细部

柱础细部

立面细部

35 新安县张钫故居

建设地点：洛阳市新安县铁门镇
功能类型：住宅建筑
建造时间：1918-1923年
保护级别：国家级

张钫故居位于新安县铁门镇，为国民革命军第十二陆军总指挥张钫于1918年-1923年陆续建成。铁门人俗称这座宅子为“张公馆”。张钫故居坐北朝南，占地 4 200 ㎡，建筑总面积约 1 800 ㎡，共有房舍120余间。绝大多数为砖木结构，基本保持着明清时期北方传统民居的建筑风格，主体部分，为三进的四合院连环结构，布局严谨，错落有致。临街铺就的青石高台上，是它的临街房和两扇大门，门口上方各塑一颗硕大的红五角星。由大门进入，一座座院落逐步推进，客厅、餐厅、正房、客房、厢房、小姐楼、仓库、卫兵室等，一应俱全。房屋尚存基本面貌，玻璃门窗，吊顶房间，既有北方传统建筑的模样，又融合了西方建筑的元素，为研究民国时期官邸建筑的较好范例。张钫故居在新中国成立后被收为国有，曾为政府招待所，1992年撤销。张钫故居经河南省政协、洛阳市政协组织的专家普查认定为河南最完整的民国建筑。1996年定为全国重点文物保护单位。

学堂正门

内院

正房

厢房

36 洛阳西工兵营建筑

建设地点：洛阳西工区
功能类型：军事建筑
建造时间：1920年
保护级别：省级

洛阳西工兵营建筑位于今洛阳西工区。由民国大总统袁世凯于1914年兴建，占地约 366.67 h㎡，建筑营房5000余间。1920年，直鲁豫巡阅副使吴佩孚又在原有营房基础上进行了大规模扩建，成为当时全国最大的兵营之一。兵营建筑是一个大型方形建筑群，中间是大本营与大操场，南北部各建4座营房，东部建2座营房，西部建1座营房。营房建筑为砖木结构，五脊硬山青瓦房，前檐出厦，明珠走廊。大本营位于兵营中心，建于1920年，建筑呈“目”字形，为前后三进的天井四合院，沿中轴线布置3座大房，两侧厢房，占地 3 100 ㎡。吴佩孚办公楼紧临司令部东侧，位于东花园中心。砖木结构，玻璃门窗，油漆地板，板条抹灰吊顶。整座建筑面积 450 ㎡。广寒宫与继光台位于司令部西北部，建成于1923年，康有为书写匾额。

兵营建筑旧址

吴佩孚司令部旧址鸟瞰

吴佩孚司令部旧址南大厅

兵营建筑旧址

37 洛阳火车东站

建设地点：洛阳市区
功能类型：交通建筑
建造时间：1908年
保护级别：市级

洛阳火车东站位于今洛阳市老城东北部。原称河南府车站，1919年改为洛阳车站，1922年易名洛阳东车站。车站始建站房为砖木结构建筑。有站线4条，长 516 m。旅客站2座，均为土质。1933年改建新东站房时在站房东侧增建砖木结构平房一座，作为仓库与行李包房。1934年将两站台延长至 200 m，改为水泥路面。另辟露天货场一处，东西长 3 000 m，占地面积 13.5 hm²。车站的主要站房为1933年改建的2层砖木混合结构建筑。青砖砌墙，内墙白灰粉刷，板条抹灰吊顶，三角形木屋架瓦楞屋面，候车大厅为 500 cm X 600 cm的砖柱承重。

鸟瞰

火车道和站房

20年代的站房

38 冀鲁豫边区革命根据地旧址

建设地点：洛阳清丰县双庙乡
功能类型：纪念建筑
建造时间：1944年
保护级别：国家级

清丰县双庙乡单拐革命旧址地处冀鲁豫三省交界处，是在抗日战争后期、解放战争初期（1944.9—1946.10）中共中央北方局、冀鲁豫分局、冀鲁豫军区司令部暨军区第一兵工厂所在地，一代伟人和老一辈无产阶级革命家邓小平、黄敬、宋任穷、王宏坤、杨勇、苏振华等生活战斗过的地方。历经半个多世纪的风雨沧桑，这里仍保留有旧址旧居近40处，占地 18.6 hm²，建筑面积 24 000 m²，其中多处旧貌犹存，属于清末民初时期北方民居典型风格,具有中原建筑文化的时代特点，先后被公布为全国爱国主义教育示范基地、全国重点文物保护单位、国家AAA级旅游景区、河南省红色旅游经典景区、全国红色旅游经典景区（二期）、济南军区革命传统教育基地、河南省首批中共党史教育基地。

入口门楼

纪念馆入口

内院

门楼

厢房

正房门廊

室内

39 王家大院

建设地点：平顶山市汝州
功能类型：住宅建筑
建造时间：1887年
保护级别：市级

王家大院位于汝州市焦村乡王楼村，是王守福、王忠信家于清光绪十三年（1887年）修建的祖居民宅，共九处四合院相连接组成王家大院。该院坐北朝南，南北长 112 m，东西宽 184.5 m，占地面积 1.66 hm²。在王家大院的九处民宅中，第二、三、四、五、九处民宅已被破坏，第一、六、七、八处民宅保留部分建筑。这九处民宅每处均为五间头四进院，每处民居有四间临街房，一间门楼东西厢房，客厅五间过屋；第二进院东西厢房、堂楼均为两层，第三进院为仓房，第四进院为马院、磨坊。

第一处民宅保存有第一进院临街房四间，门楼一间，没有东西厢房，客堂面阔五间，出前檐，有四根木柱，石柱础，须弥座，雕刻有莲花、狮子头、仙鹤、凤凰、麒麟，栩栩如生，十分逼真，前檐枋有木雕莲花、游鱼，属透雕，该客堂为过屋，硬山式建筑，灰布瓦盖顶，此客堂是王家大院里古建筑结构保存最好的、雕刻工艺上乘的故居。第六处民居第一进院保留有四间临街房，一间石券拱大门，石券拱上雕刻寿字莲花图案，院内古建已塌。第七处民居第一进院保留有四间临街房，一间门楼，砖雕头。第八处民居第二进院保留有东西厢房三间，客堂五间，均为两层，屋顶已塌。王家大院是汝州市域内现存规模最大的一处民居。该建筑为清代典型的民居建筑；木雕、石雕工艺上乘，特点鲜明，对研究中原地区民居建筑风格与当地文化有史料价值。

大院

前檐细部

石雕

40 双郭楼民房

建设地点：平顶山汝州市
功能类型：住宅建筑
建造时间：民国
保护级别：市级

双郭楼正立面

双郭楼位于汝州市东 15 km的尚庄乡双郭楼村，据说该民居为一姓郭的人在外打工挣钱后返乡所建，由于是以三间为一体并排的两座三层小楼，因此人们称为双郭楼。文化大革命期间，东楼被破坏，现仅存西楼。该楼面阔三间，进深 9.3 m，宽 5.8 m，墙厚 0.9 m，上窄下宽，四周墙全部为青砖，无柱、无斗拱，无任何装饰，室内上下层之间为木楼板，属于一般建筑，现被双郭楼村委会使用。

41 车蕖戏楼

建设地点：平顶山市汝州纸坊乡
功能类型：文化建筑
建造时间：清代（1922年重建）
保护级别：市级

戏楼正立面

车蕖戏楼位于纸坊乡车渠村汤王庙内，曾被学校使用，古建已塌掉，仅剩戏楼。该戏楼建于清代，民国二十二年重修，坐南面北，戏台高 1.3 m，面阔三间，长 7.6 m，宽 5.5 m。内有两根金柱，外有四根檐柱，柱础高 65~80 cm，抬梁式结构，戏楼正脊有花草纹瓦、吻兽、加布瓦盖顶，戏楼前面大额枋中间上书“今表古奇”，左侧书“钓舍鱼”，右侧书“水停舟”，彩绘已看不清。该戏楼建筑一般，是汝州市域内保存不多的戏楼之一。

42 马头涧孙氏民居

建设地点：安阳市龙安区
功能类型：住宅建筑
建设时间：清末民初
保护级别：省级

马头涧孙氏民居位于今安阳市龙安区马投涧乡上毛仪涧村，共4处宅院，均是青砖石构的四合院。比较完整的有两处，建于清末民初。村东头宅院，为一进院落，正房座北朝南，面阔5间，长 14 m，宽 6.5 m。2层，硬山筒瓦顶。东西配房为二层灰瓦顶均面阔三间，长 8 m，宽 5 m。院落南北长 12 m，东西宽 5 m。正房5级石台阶，配房3级石台阶。正房1层门窗上过梁是石斗板。2层方窗弧形券，马牙状磨砖，卷草纹砖雕。砖雕菱形“仙鹤叼花”山花。圆形梅花鹿砖雕和龙头砖雕山墙檐。后墙、山墙有圆窗、八面体窗和六面体窗3种，均外砌异形磨砖。村中部宅院，布局与村东建筑群相仿。锁角石长 1.2 m左右，先放于檐墙面横一块，再于山墙面竖放一块。前墙锁角石立面有石雕三环套月和兽的图案。墀头砖雕鸟兽对峙。门楣青石雕刻“诗礼传家”、“智圆行方”等警语，呈现出恢弘的规模。

正立面图

侧立面图

屋顶图

山墙窗户

山墙窗户

43 十八间转花楼

建设地点：安阳市安阳县
功能类型：住宅建筑
建造时间：民国时期
保护级别：市级

转花楼位于安阳县水冶镇南段村，为高氏九门相照大院的东偏院。三进院，每进院均有南屋正房3间，东配房3间，均为2层楼房，与前一进院正房相互连通，当地人称之为18间转花楼。每间楼顶均有砖砌弧形券洞。一、二进院正房前后门相通，与第三座正房在同一轴线，形成五门相照。二进院东配房长 8.8 m，宽 5.4 m，正门上方砖雕如意腿半圆拱券。券板上木雕圆形寿字。二楼青石窗台，方格窗上磨砖拱券，拱券上方又砌3个阴阳两层拱券。二进院正房一层前后均一门两窗，上砌陀螺带状作腿半圆拱券。二层正中窗户门上方3朵花作腿，半圆磨砖拱券，左右两间墙面青砖突出，组成寿字图案，檐下砖雕抱鼓梁头，两侧卷平纹图案，扶墙砖柱下部砌须弥座式，中间磨砖作垂带状，檐部中间按丁字铁水口。三进院正房5级青石台阶。中间壁柱下迎风石内浅雕花瓶，基座、颈部石雕细腻，比例适当，瓶身花纹作协格状，瓶内插拂尘、宝剑、红缨枪。该大院建于民国时期，随地势逐渐抬高。正房前后墙均开设门窗，上有雕饰，比较罕见。楼顶砌拱券作“天桥”，墙面以中国道家风格雕饰与局部明显带有西洋建筑样式符号。

迎风石

墙面“寿”字

宅院内部

宅院胡同

楼顶『天桥』

宅院正门

44 林州石氏民居

建设地点：安阳市林州
功能类型：住宅建筑
建造时间：1940年
保护级别：市级

林州石氏民居位于林州市任村镇东7公里的前峪村。20世纪40年代始建，保存完整，是现存少有的一座二层回廊式四合院建筑。该民居占地面积约 310 ㎡。广亮式大门，檐檩下木雕垂花柱。门柱雕刻“孔雀回头看牡丹”和“鱼拱莲”。峙头砖雕分上中下三层，分别雕狮首、梅花鹿与鲜花、武将，清晰逼真。迎风石立面刻狮子滚绣球。二门设在临街房后廊上，精巧别致。正房坐北朝南，面阔五间，三明两暗。走廊宽 1.4 m，五级青石台阶。正房门额木雕仙鹤、凤凰。窗台白长石，雕刻狮子滚绣球图案，刀法粗犷。东西配房各四间。二楼周边设回廊，（当地俗称“转花楼”）廊宽 0.85 m，木板铺面，花瓶式木栏杆。石氏民居仅一进院，规模不大，体现出中原民居“宽坊窄院”的典型特征。二门借用过廊设置屏门，既起到前院与正院空间分割作用，又起到影壁作用。二楼回廊，利用了院落空间。大门的各种饰物层次分明，雕刻细腻，垂花柱门口倒悬，造就了宅院的严密、紧凑、浓郁古朴的传统风格。

民居外观

内庭二楼回廊

广亮式大门

宅院内庭院

迎风石

门前石墩

45 五龙镇刘氏庄园

建设地点：安阳市安阳县
功能类型：住宅建筑
建造时间：清朝末年
保护级别：市级

五龙镇刘氏庄园位于林州市五龙镇中石阵村，始建于清乾隆十五年（1750年），持续数代，建成占地面积1.44 hm²，建筑面积4 198 m²的四合院建筑群。现存木结构三层楼房一栋，共有院落二十多进，房屋294间。其中主院十进，为九门相照布局。现存较完整的大院四进，由西向东，随地势步步升高，形成相互关联，又自成一体的建筑群。庄园西门楼为券洞，外石内砖，外宽3.9 m，内宽2.2 m，高3.14 m，深4.5 m。券洞匾额阳刻“气爽风清”四个大字，上有八角小窗。四个大院中以119号三进院规模最大，临街一溜瓦房13间，广亮式大门，前庭开阔。二楼后墙开八角窗。过厅三间，四根方形石门柱，雀替为喜鹊登枝图案。正房和东西配房各五间，青石台阶，连续抱鼓石裙边，西配房雀替为鲤鱼衔草图案。西偏院西屋四间，镶门镶窗，带阁楼，二门内西楼为三间卷棚顶。第三进院正房坐北朝南，硬山式，灰筒瓦覆顶。三层带柱廊收进，栏墙为9幅砖瓦式，正中砖砌龟背形，两侧为花瓦式。正房门上斗板内阳刻“纯极绵延”，边刻小字“道光五年建”。东配房门上斗板内阳刻“树欝林丛”，西配房刻“云蒸霞蔚”。边上小字均为“嘉庆二十五年”，斗板裙边为内三环套月外菱形图案。第三处院二进院正方柱础基座为四面体，香炉座内分别阳刻天马行空、麒麟独卧、狮子滚绣球、金牛望月。庄园建筑为砖木结构，配房镶门镶窗，有的带阁楼，显示了浓郁的地方特色。过厅门柱都为方形石质，台阶连续抱鼓石裙边，正脊有小型正吻，垂脊有戗兽向外撇，透露出主人的身份地位。深宅大院随地势升高，布局严谨、紧凑。

四合院鸟瞰

中院正房

配房

柱础

院落入口

堂楼山墙

后院堂楼

46 渔洋村龙家庄园

建设地点：安阳市安阳县
功能类型：住宅建筑
建造时间：清朝末年
保护级别：市级

宅门

渔阳村位于距漳河近1km的安阳县安丰乡，这是有近6000年文化底蕴的村庄。渔洋村曾被称作渔洋镇，是历史上一处交通要道与重要的商品集散地。昔日商业旺埠的余貌犹存，东西南北四座青砖砌成的拱形寨门，现存三座，均建于明成化年间。其中一座高3m多，宽3m多，长7m多，基部由巨大的山石砌成，券洞下面的路面都是由经过细心打磨的磨盘大巨石铺的。当年绕村的高大寨墙和寨墙外的寨沟已经消失。渔洋老村的街道布局和安阳老城十分相似，东西大街相照，南北大街互不取直。民居建筑多采用“悬山”与“硬山”式。大门多为随房门和随墙门，拱形、青砖拼砌。上有磨砖雕刻精美的几何形二方连续图案，有的还刻有花的图案。个别涂有颜色，包括深蓝、群青、天蓝、土红和土黄，看上去优美而古朴。门楣一般为长方形，青砖雕刻花边，有阴刻和阳刻两种手法，文字内容有“致中和”、“持忠恕”、“勤俭和”，表现了中国传统的处世规范。而“耕且读”，反映了过去渔洋人的理想，一边耕作，一边读书，延续着这个古老村庄的文化传统。漳河盛产卵石，所以寨门内部和民居院墙都由青砖和巨大的鹅卵石组合砌成，具有很强的地域文化特色。其中的龙家庄园是村中最大的民居建筑群，宅院主人是清末的龙朝栋，四座大院，九门相照，院落宽敞，气势恢宏。广亮式大门，门两边的砖柱上有精致的砖雕顶座，联楹下为一对狮子滚绣球木雕，雕刻精细，两边用竹形围边，整个画面非常生动传神。门簪、门枕石都由木雕、石雕装饰。

寨门

影墙雕刻

广亮式大门

二门

井亭

庄园胡同

门楣

雀替木雕

47 袁林—袁世凯墓

建设地点：安阳城北
功能类型：园林建筑
建造时间：1916年8月至1918年6月
文物保护级别：省级

袁林，即袁世凯墓，是我国近代的大型陵墓建筑之一。由范寿铭、马文盛设计，仿明、清帝陵的布局与结构，并吸收美国总统格兰德濒河庐墓的某些构造艺术特点而建造。墓园位于安阳城北 2.5 km洹水北岸太平庄北侧，占地 9.2 km²，耗资73.2万余元。1916年8月，由北京寓兴隆木厂投标承建，河南省巡按使田文烈督修，民国政府内务部派工程技术人员监视施工，1918年6月14日竣工。袁林现为安阳市博物馆馆址。1984年，依照原貌对墓庐进行了一次较大规模的修复。1987年3月列为河南省第二批重点文物保护单位。陵墓南首是一堵背水横亘照壁高墙，墙北有 11 m宽的神道通往墓地。北行先越小石桥后登大石桥，直达袁林主体建筑群。墓区第一座建筑是牌楼门，也称王槽门。牌楼北的神道由青白石铺成，东西两侧分别矗立六角望柱。上刻花纹图案如苍龙、猛虎、猿猴，雉鸡及山、火、日、月、星辰等100个图像，而后有石马、石虎、石狮和文武翁仲，形象逼真。神道北为碑亭，内伏卧一只重达 20 t，张口吐舌的巨型石雕赑屃，背驼一块大墓碑，高达5.5 m。碑亭北是景仁堂的堂院，建筑风格与清代皇室相仿。大门为三进，前有月台，台下左右树池内各植一株虬枝兰松。整个堂院呈长方形，在 5 m多高的绿瓦红墙环抱之中。堂院北为景仁堂，是祭祀的地方，垂脊飞檐，四坡歇山，东西长 32 m，南北宽近 11 m，堂院东西配有厢房。袁世凯的葬身之地，在景仁堂之后，由两侧的月门通过凝碧柏阴，到墓台前，耸立着西方式的一排三座铁门，中大旁小，呈山字形。中间门上有与望柱图案相同的墓徽，标志着墓主乃帝王的身份。墓台四周环沿着青白石方柱排铁链。铁门后墓前有五供石桌一堂口石桌。沿台阶而上，即是袁世凯墓冢。墓冢为圆形，内由钢筋混凝土浇注封闭，外由三层石块砌成，高约 8 m，周长约 60 m。墓冢周围全为西洋风格建筑。

牌楼

牌楼广场

大石桥

照壁墙

碑亭

武官石像

文官石像

战马石像

景仁堂

西式铁门

石五供和墓冢

48 袁氏小宅

建设地点：安阳市老城区
功能类型：住宅建筑
建造时间：民国初
保护级别：市级

袁氏小宅又称袁府，位于安阳老城内三道街中段路东，是袁世凯为他最宠爱的九姨太建筑的一处宅院。袁氏小宅为民国初建造，原规模为三进院落，九门相照布局，现仅存进大门北屋瓦房五间，一进小院和一座偏院。建筑形式为中西合璧，房顶、走廊为中式，门窗、室内粉刷为西式。小院正房面阔五间，坐北朝南，长 15 m，进深 7 m。东西配房面阔各三间，长 8.6 m，进深 3.6 m。均为硬山筒瓦顶。正房进退式壁柱，门上玻璃顶窗，弧形马牙砖拱券，上有透雕草龙图案，雀替卷草木雕。小院内有抄手卷棚游廊。南游廊是借后面墙搭建双脊檩形成卷棚顶。正房回廊 1.5 m宽，配房 1.1 m宽，青石台阶，鼓形柱础，尾室内菱形大方砖铺地。院中四角栽植四棵合欢树。偏院北楼五间，筒瓦顶。一层门上青石斗板。山花砖雕葵花，峙头心为砖雕麒麟。此楼据说是九姨太女儿的绣楼。袁氏小宅较完整地体现了民国初期大户宅院的建筑特点。

宅院鸟瞰

一进内院

抄手回廊

进门北屋

49 安阳广生医院

建设地点：安阳市北关区
功能类型：医疗建筑
建造时间：1915
保护级别：市级

安阳广生医院俗称西洋楼，位于安阳市北关护城河以北。1900年铸钟街基督教堂成立，1915年迁至现在地址，由英籍医生雷实礼、加拿大籍医生登美伯主持修建，占地3.7 hm²，建病房楼一座，门诊楼一座，门诊楼东侧建简易平房3排，另建两层宿舍楼一座，供外籍大夫居住。现存两层砖木结构宿舍楼一座，三面有券廊式砖柱走廊，木楼（地）板，玻璃窗，四面披红瓦屋顶。门诊楼还存少部分，其他建筑已毁，现为安阳市人民医院使用。

宿舍楼西北面

宿舍楼东北面

宿舍楼转角构造

50 滑县天主教堂

建设地点：安阳市城关镇
功能类型：宗教建筑
建造时间：1912年
保护级别：市级

滑县天主教堂位于城关镇东北部，由天主教传教士裴成章于1912年开始兴建，施工时间达两年之久。建有砖木结构礼拜堂、钟楼等建筑物；礼拜堂为哥特式风格，长 26 m，宽 11.25 m，高 6.15 m，建筑面积 296 ㎡，大门向南。紧靠大门有钟楼1座，高 25 m，顶端有一铝合金十字架，上部安装大钟4座。堂后有更衣室5间。礼拜堂内分6个孔间，每孔3小间，木明柱10个，柱下部为圆锥形雕花石墩，高 90 cm；南有1孔木结构楼台，上有耶稣受难雕像1尊。礼拜堂有3座前门，东西门各1座。东西墙各有彩色玻璃长窗5座，堂前祭台房窗5个。礼拜堂音响设施较好，站在室内讲话，声音显得异常清脆、洪亮，且无回音。经过1985和1991年两次整修，已基本恢复教堂原来的风貌。其建筑规模、造型都是安阳地区较大、较好的一个。

教堂神龛

钟楼细部（1）

教堂立面

钟楼细部（2）

教堂室内

51 扈家大院

建设地点：鹤壁新区
功能类型：住宅建筑
建造时间：1937年
保护级别：市级

鹤壁市扈家大院（淇河文化博物馆）位于鹤壁新区西4公里的庞村，处于金山办事处庞村主干道南北大街西侧，占地面积 0.5 ㎡。大院坐北朝南，明清风格，九门相照，青砖蓝瓦，青石高台，砖木结构，门廊优雅对称，雕梁画栋，共建房屋九九八十一间，在第一进院正房房檐下有一副砖雕对联“北京京北五台山五台山下五层台，南京县南三塔寺三塔寺后三座塔”，乃是乾隆所作，名人书法。扈家大院始建于1937年，是当地大土匪扈全禄对周边各县进行掳掠抢夺，强征民工，大兴土木建造七年之久而落成。扈家大院是鹤壁地区规模最大、保存最完整的居民建筑群。

墀头雕刻

庄园门楼

庄园内院（1）

庄园内院（2）

52 吴守业旧宅

建设地点：鹤壁市鹤山区
功能类型：住宅建筑
建造时间：1889年—1905年
保护级别：市级

吴守业旧宅位于鹤壁市鹤山区鹤壁集乡龙宫村。坐北朝南，是晚清、民国初典型的北方多进四合院式建筑，以南北纵列的四进庭院组成。皆为砖木混合结构。宅院总面积 955 ㎡，现存建筑面积 544 ㎡。由乡绅吴守业祖孙三代历经16年建造。清光绪三十一年（1889），吴守业宅第初建，此后数年，吴宅得以几度扩建。民国二十年（1905），最后一次扩建竣工，吴宅规模遂达其至盛。现存主要建筑11栋，屋宇39间。皆为砖木混合结构。第一进庭院，位于整组建筑的最前部。有建筑1栋，即倒座房。第二进庭院，由4栋建筑组成。第三进庭院，有建筑3栋。第四进庭院位于整组建筑的最后部。有建筑3栋。

第一进庭院

第二进庭院

第三进庭院

53 鹤壁集大教堂

建设地点：鹤壁鹤山区
功能类型：宗教建筑
建造时间：1904年
设计者：司德望主教（意）
保护级别：市级

鹤壁集大教堂位于鹤壁市鹤山区鹤壁集乡东街村。主建筑是一座典型的清代歌德式建筑，名为圣若瑟堂，是由意大利传教士司德望主教携另三位神甫于清光绪三十年（1904年）建造的。教堂坐北朝南，高约 15 m，面阔 6.5 m，进深 24.5 m，台基高 0.32 m。墙体以砖、石混砌，台基上 1.42 m处为青石垒砌。此教堂西南开一正门。正门上方题记“若瑟堂”三个大字，上方立像为若瑟抱子，右侧立像为伯多禄，左侧立像为保罗。东山墙开窗3口；西山墙开门2口，窗5口。西山墙一侧门门楣石之表题记“怙恃情深”，二侧门门楣石之表题记“职操大权”。门洞及窗洞均以预制砖券合成拱顶。教区除圣若瑟堂外，还有神甫楼和修女宿舍，由大小70余间房屋组成，占地面积约 0.26 h㎡，其中的神甫楼建于清光绪二十六年（1900年），分上下两层。是现存较好的清代哥特式建筑，对研究鹤壁历史发展和教会文化，具有一定意义。

教堂鸟瞰

54 李家大院

建设地点：鹤壁市山城区
功能类型：住宅建筑
建造时间：清代
保护级别：市级

李家大院是以清代中期建筑风格为主的古建筑群，位于鹤壁市山城区鹿楼乡大胡村中部，占地约 3.3 hm²。由 5 个九门相照的楼院并排组成，最高的建筑 20 m；每个庭院里都设有哨卫楼、仆人院、柴院等。建筑群巍峨壮观，精雕细刻，四梁八柱、花墙砖雕、屋檐陶兽等无不显示着当时主人的威严与尊贵。李家大院被当地人称为“小故宫”，是当地民俗文化的历史缩影。

仆人院

哨位楼

柴院

55 韩林涧磐安兄弟旧宅

建设地点：鹤壁市鹤山区
功能类型：住宅建筑
建造时间：民国时期
保护级别：市级

韩林涧磐安兄弟旧宅位于鹤壁市鹤山区鹤壁集乡韩林涧村。坐北朝南。由三进正院及一个附院组成。第一进庭院位于宅院的南部。有屋宇4栋12间。第二进庭院位于宅院的中部，向东开设一座侧门通往宅外街巷。第三进庭院位于宅院的北部。有屋宇3栋10间。前院属附设性庭院。有屋宇10栋27间。宅门及影壁位于宅院的东南角，南向。屋宇式，一开间。门洞券顶。青石质门楣。石表的正中阳刻"勤俭持家"四字，边缘饰以花卉纹。

第一进庭院

56 刘邓大军首长旧居

建设地点：鹤壁市山城区
功能类型：住宅建筑
建造时间：1879年
保护级别：省级

刘邓大军首长旧居位于石林乡中石林村。清光绪五年，本村张姓大户人家建造，三个院落相通，共有九门，俗称“九门相照”。这是一处典型的清朝民居，长80 m，宽40 m，建筑面积3 200 ㎡。院落式布局，坐南朝北，四围院墙高筑，利于防卫。现存两重院落，刘邓大军首长曾经居住的第三重院落保存完好。这是一座二层五间楼房，建筑宏伟，设施完备，门窗上部都装有石刻斗板，斗板上石雕图案、花纹精美华丽；四面房角安装石雕飞檐，形态奇异；建筑格局匀称合理，具有较高的建筑品位和审美价值。

第三重院

57 淇县民居石屋

建设地点：鹤壁市淇县
功能类型：住宅建筑
建造时间：清代
保护级别：市级

淇县民居石屋在距淇县西南四十余公里的太行山脉黄洞乡纣王店、对寺窑等自然村，当地百姓在交通不便的情况下，就地取材，墙体全部使用石头砌墙而成，屋顶用檩椽和青瓦。该民居石屋墙体厚度为 50 cm，均为两层（一层为居住，二层存放粮食与杂物）冬暖夏凉，居住方便，成为该地区典型的民居。

民居石屋

两层石屋

58 徐氏家祠

建设地点：新乡市
功能类型：祠堂会堂
建造时间：1921年
保护级别：省级

徐氏家祠座落在卫辉市城内贡院街西端，坐北朝南，共分四进院落。主体建筑占地约 0.5 hm²，1921年建成，依次为照壁、山门、石坊、次门、凉亭、拜殿、大殿。

照壁：高 7 m，长 12.7 m，砖石结构，壁顶有灰瓦覆盖，下用砖雕飞檐斗拱，照正中镶嵌着五个谷穗组成的嘉禾图青石浮雕，象征着满、汉、蒙、回、藏五大民族之意。照壁东西两侧为东西华门，砖木结构，硬山灰瓦顶，面阔、进深各一间，门上木雕二龙戏珠、雉鸡牡丹图案。

山门：面阔三间，进深一间，硬山式灰瓦顶。

石坊：四柱三间，阳面额上题“东海世家”四字，明间石柱上书对联一幅，上联是“亭育托燕畿佳气常浮白云观”，下联是“宗支分卫水清波远溯绕湖桥”，为徐世昌的楷书墨迹。石柱、抱鼓石上均雕嘉禾图案。

拜殿：面阔三间，进深一间，卷棚灰瓦顶，与正殿连为一体，前砌月台，周围有青石雕刻栏杆，樽图案由莲花底座火矩和花瓶形图案组成的，美观大方，殿前甬道东西两侧各建配殿一座，均为面阔五间，硬山卷棚灰瓦顶。

大殿：面阔五间，硬山卷棚灰瓦顶，檐下有额坊，透雕花卉图案，明间和次间装有六抹隔扇门，明间隔扇门裙板雕刻“五蝠（福）捧寿”图案。

徐氏家祠布局严谨，肃穆优雅，气势宏伟，设计精湛，具有典型的北方官式建筑风格，为近代优秀建筑群。

次门

石坊

拜殿

影壁

59 中共平原省委旧址

建设地点：新乡市
功能类型：办公建筑
建造时间：1949年
保护级别：省级

中共平原省委旧址位于河南省新乡市和平路中段的卫河之滨北岸，坐北朝南，东临市黄河宾馆，南临卫河，西至和平路，北临荣校路。

现存五组完整建筑：一座主楼、四座辅楼。主楼为当时省委首长办公楼及省委办公厅所在地。四座辅楼，分别为平原省省委组织部、宣传部、农工部、统战部办公楼。四座辅楼结构、形式相同，平面布局呈“凸”形，每座占地面积 597.77 ㎡，建筑面积 814.51 ㎡，除中间主体及楼梯间为两层外，其余均为单层，除楼梯间两侧房子为平屋面，其余均为坡屋面。屋面瓦为机制波形瓦，外墙为青砖清水墙，属于典型的50年代仿苏式建筑风格。

该建筑群始建于1949年，占地 3.13 h㎡，2006年6月被公布为河南省第四批文物保护单位。现归属于新乡市博物馆管理。该建筑群为原平原省时期遗存在新乡的唯一一处代表性建筑。

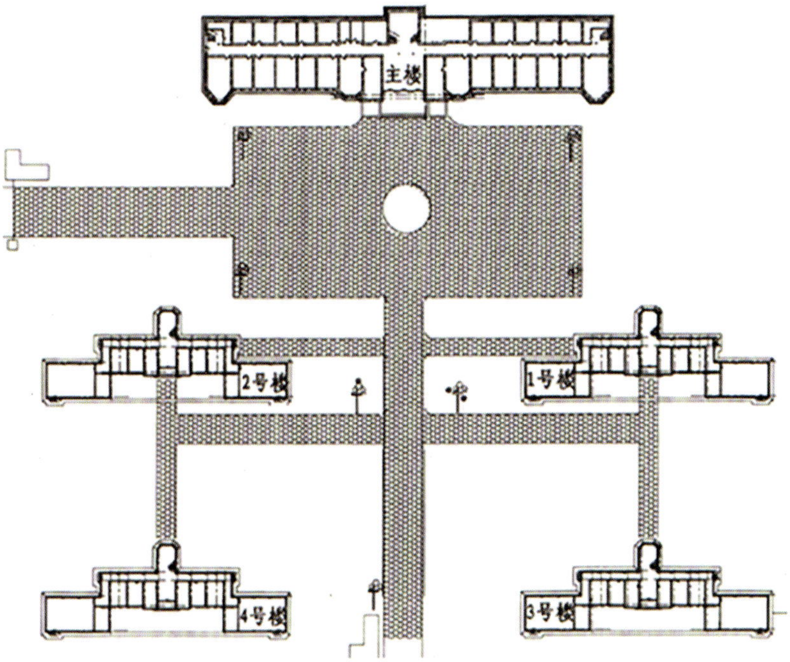

平面图

主楼正面

60 河朔图书馆

建设地点：新乡市
功能类型：办公会堂
建造时间：1934—1935年
保护级别：省级

河朔图书馆座落在河南省新乡市一横街北头，卫河公园内。使用面积为 1 200 ㎡。1935年8月落成。1949年10月为平原省图书馆，1952年10月改为新乡图书馆。1984年新乡市人民政府对其进行了全面维修，恢复了原貌。

河朔图书馆的前身为中山图书馆。1930年新乡行政公署专员兼新乡县县长唐肯倡议修建河朔图书馆，得到各界人士积极响应。馆址选在卫河湾处，购地 3.34 h㎡，河朔图书馆由我国近现代建筑大师天津基泰工程公司杨廷宝先生设计。天津祥记营造厂承建。1934年动工修建，工期分两期进行。第一期工程三层宫殿式大楼于1935年8月竣工，并将中山图书馆的全部资料搬到新馆。第二期工程由于日本帝国主义的侵略，未能进行施工。

河朔图书馆主楼是三层宫殿式建筑，外观为民族建筑风格，内部是西式设施，光线充足，楼前有包云台池，屋顶飞檐走兽，雕梁画栋，气势壮观。细部屋檐瓦当均为“书”字瓦当，制作精美。与主楼同期建筑有人门和石桥一座，石桥墩由青石、白石相间构筑，有一种自然的装饰效果。

建筑设计精湛，外观端庄严谨，建筑规模恢弘。体现了我国古代建筑设计的传统风格，同时馆内为西式设施，对我国传统的古代建筑赋予了新的生命，它是中西合璧的图书馆建筑。河朔图书馆是一处具有时代性的近现代优秀建筑，具有较高的艺术科学价值。

图书馆正面

图书馆透视图

图书馆背面

图书馆内部楼梯

角科

61 焦作中原里居住区

建设地点：焦作市焦作镇

功能类型：住宅建筑

建造时间：1917年—1920年

保护级别：市级

焦作中原里居住区位于焦作李河矿东北 1 km处。为中原煤矿公司1917-1920年间兴建，供职员、工人居住。居住区南北宽 430 m、东西长 570 m，占地 24.5 k㎡。职员住宅区南北长 270 m、东西宽 110 m，内建8条街坊，房屋300余间，为中西混合式建筑。有独院式、开敞式两种布置形式，四周有高大围墙，围墙四角有炮楼，东门有门卫。住宅建筑为青砖白灰砌墙，四坡小青瓦屋面，砖砌拱券外廊，檐高 4 m，小拱形玻璃窗，焦渣地坪（部分为砖墁地坪），组合平面，3.8 m开间，豪式木房架，中间有钢吊杆，大脊与斜脊处采用西式扣瓦方法，檐口处采用中式出檐技术处理。职员住宅区东面建有职工医院、矿警队队部、矿警家属住房；北面有男、女职员浴池，工人浴池等公共设施；南面为工人住宅区、中原职工小学、变电所等。在职员居住区以北，建有花园式洋房几幢，坐北朝南，外廊式庭院布局，为高级职员住处。铁路专用线穿过居住区，路西为大片林区绿化带，路东建有中原公司大剧院。剧院南部为运动场，占地 2 k㎡。居住区北部有中原公司矿山公园，占地 6.7 k㎡，园内种植奇花异木，有竹园、葡萄园及园林建筑等。中原里居住区因年久失修，大部分建筑已毁坏和拆除。

花园洋房转角构造

券廊式花园洋房（1）

券廊式花园洋房（2）

券洞窗

62 焦作英福公司旧址

建设地点：焦作市
功能类型：办公建筑
建造时间：1906年—1909年
保护级别：省级

焦作英福公司旧址位于今焦作市民主中路东侧，现存医院门诊楼和技术人员住宅两处建筑。

医院门诊楼 1906年开始筹建，1909年建成。该楼为砖木结构两层楼房，坐北朝南，东西长 16.1 m，南北宽 11.3 m，房屋10间，建筑面积 366 ㎡。底层南北面设外走廊，砖柱支撑。2楼设有高 81 cm的木扶手栏杆，室内为红漆木地板。砖砌清水外墙，内墙为白灰泥土混合浆打底，麻刀白灰罩面。抹灰板条吊顶。每层中间隔墙装壁炉1座，距地面 2.4 m处设 5 cm的木条一道。北走廊正中设宽 1 m、高 73 cm栏杆的木楼梯。高出地面 50 cm的房基和台阶均用青条石砌筑。房顶椽头镶有椽帘，小青瓦坡屋顶，北半坡东西两头砌有烟道通风孔各一个。为英国工程技术人员设计，中国工匠施工。该医院于1925年停业。1932年由中原煤矿公司监督李文浩负责组织整修，增添了假山、水池、凉亭、月台、游廊，改为中原煤矿公司职员进德所。

英福公司工程技术人员住宅位于现在的焦作市解放区民主路中段西侧70m处的河南理工大学院内，因曾在此房内发起领导声援上海“五卅”爱国主义运动的焦作煤矿工人大罢工，并取得最后胜利，解放后定为焦作煤矿工人罢工指挥部旧址。该处房屋建于1909年，原为东西走向，1985年整体迁移为南北走向，房屋长 20.5 m，宽 10 m，上下两层，建筑面积 410 ㎡，西南距英福公司医院门诊房 20 m。

医院办公楼

工程技术人员住宅

63 焦作工学院工程馆

建设地点：焦作市焦作镇
功能类型：教育建筑
建造时间：1910年代
保护级别：省级

焦作工学院位于焦作镇福中大街（现今焦作市民主中路），是河南省最早成立的高等院校，原名焦作路况学堂，成立于1909年。1921年改为焦作福中矿务大学，1931年改为私立焦作工学院。该校从兴建至30年代，共占地 3.86 hm²，先后兴建了教学楼、办公室、实验室、礼堂、图书馆、学生宿舍、教职工住宅及医疗、福利用房等，建筑面积达 10 hm²。现存工程馆、实验室、办公室3项，其中工程馆为现存最大的建筑。

工程馆正面

门厅楼梯

工程馆侧面

走道

64 濮阳基督教堂

建设地点：濮阳县城东关
功能类型：宗教建筑
建造时间：1917年
保护级别：省级

福音堂侧面

尖券窗

教堂福音堂正面

65 华美中学教学楼

建设地点：濮阳县城东关
功能类型：教育建筑
建造时间：1922年-1944年
保护级别：省级

教学楼正面

一层窗户

教学楼背面

66 杨佩章故居

建设地点：许昌长葛县后河镇
功能类型：住宅建筑
建造时间：清代
保护级别：省级

杨佩章故居位于许昌市长葛县后河镇后河村的中心最高处。杨佩章（公元1850年—1920年），字筱村，清末明初后河人。其祖父杨碧溪，其父杨炳煌，至杨佩章祖孙三代均为翰林。杨佩章以廉洁自守，忠贞处世，学博识广，善于鉴赏古字画，他书承颜柳，字字端楷，可惜所遗作品不多。

杨佩章故居，相传以前是明末骏马府，后因骏马谋反，九族查抄，骏马府房产皇封杨家。据考证，该建筑群为清代建筑。原建筑群以三层楼为中心，由三组三进式四合院组成。杨府大门匾额为“太史邸”。现保存比较完好的仅有中组的三进式四合院。

前庭室平时称为“方三丈”、“大过庭”。为一层建筑。中庭室为二层楼阁。后庭室为三层楼阁，地基由原煤夯垫而成，屋地比院地高出丈许，墙厚80cm，砖瓦是用江米面掺桐油粘砌，异常坚固，一层石窗为明清以前建筑用材。各进院的所有楼房，均设五脊六兽，都有砖雕檐飞。整个建筑，布局主次分明，严谨对称。厅堂轩昂，古朴壮观，浑然一体，富有官宦气派。

杨佩章故居，现已被河南省人民政府批准为“名人故居”。

故居鸟瞰

砖雕

砖雕

博风装饰

67 许长公立中等蚕桑实业学堂

建设地点：许昌长葛县
功能类型：教育建筑
建造时间：1907年
保护级别：市级

许长公立中等蚕桑实业学堂，创办于光绪33年（1907年）。当时，清末废科举兴学堂规定，县级只能办初等实业学堂，州、府才能办中等实业学堂。许州知州润芳、长葛知县潘守廉2人倡立许长公立中等蚕桑实业学堂，意为州、县合办。校址选在长葛县城（今老城）南门内。州、县倡捐，官民绅商集资一万三千余金。修建讲堂15间，自习室15间，管理员、教员室12间，接待室3间，学生接待室2间，理化室3间，阅报室3间，储藏室3间，学生寝室42间，司事室2间，夫役室2间，厨房另院10间，体操场、实验场各一处。在当时河南全省实业教育界享有盛誉，“规模宏大，学科完全，为豫省实业学校之冠”。

民国初，教育部、省教育司几度把学校更名。1914年省教育司下令改中级实业学校为甲种实业学校。许长公立中等蚕桑实业学堂改为长葛甲种蚕桑学校。1927年，实业学校一律改为职业学校。长葛甲种蚕桑学校改为长葛县立职业学校。1928年，长葛县立职业学校改为长葛县立初级中学。

学堂正门

学堂旁门

学堂内院

68 庙上村天井窑院

建设地点：三门峡陕县
功能类型：住宅建筑
建造时间：距今50年—300年
保护级别：省级

天井窑院，俗称地坑院，在陕县中西部的西张村、张湾、张汴、菜园等乡镇广为分布。据专家考证，天井窑院距今已有2000年的历史，它是黄土高原地域独具特色的民居形式，是人类"穴居"发展史演变的实物见证，是人们从远古到现代不间断的物质记忆。这种独特的民居形式，在中国乃至世界上独一无二。

天井窑院，是在平地挖出深约 6-7 m的土坑，根据地形可分为长方形和正方形，在四壁凿挖窑洞8-12孔，窑院一角的窑洞内有斜坡地道通向地面，作为住户进出院落的阶梯式通道。在通道一旁挖有深约 28-30 m的水井一眼，供人畜用水。院中间挖有渗井一眼，同窑院深度一样，直径约一m左右，用来渗雨水和生活用水。院中间栽植梧桐、梨树等树木，因土层深厚，水分充足，树木生长极快,枝叶繁茂。 窑院内除人住的窑洞外，还有单独的窑洞作为厨房、厕所、鸡舍和畜圈。天井窑院一般为独门院，也有二进院、三进院，就是多个井院相连。天井窑院建筑具有坚固耐用、节省资金、冬暖夏凉、挡风隔音、防震抗震的特点，冬季窑内温度在摄氏10度以上，夏天保持在摄氏20度左右，中午休息还要盖上被子，人们称它是"天然空调，恒温住宅"。因整个村庄位于地平面以下，因此，人们进入村了，只闻人声笑语，鸡鸣狗叫，却不见村舍房屋，"进村不见人，见树不见村"就是它的真实写照，老百姓称它是"地下的北京四合院"，建筑专家称它是"世界生土建筑的绝妙之笔"。 庙上村作为天井窑院景区开发的核心区域，有天井窑院80座，有一半以上的村民还生活在天井窑院里。2005年被河南省文物局列为省级文物保护单位。该村院落的修建时间距今有50-300年不等，其形状、布局、面积和类型极具代表性，该村有四种类型：

一、东震宅，长方形，凿窑8孔，南北各3孔，东西各1孔，门为正南方，厨房设在东南；

二、南离宅，长方形，共凿窑8-12孔，门为正东方，厨房设在东南。

三、西兑宅（西四宅）正方形，凿窑10孔，东西各3孔，南北各2孔，门走东北方，厨房设在西北。

四、北坎宅，长方形，凿窑8-12孔，门走东南方，厨房正东。东西南北各按易经八卦排列，那一方为主窑，高 3.17 m，合9尺5寸，可安一门三窗，其余为偏窑高为 2.83 m，合8尺5寸，一门二窗。窑洞深 7-8 m，宽 3.2-3.5 m。

窑院鸟瞰

窑院群

窑院入口

窑院一角

69 靠山窑

靠山窑具有节能、节地、冬暖夏凉的自然生态特征，经改良后通风更好。一般在砌筑时依地势将斜坡地堰边刷出一直角垂面，在垂面上掏土成洞。一面墙可掏一个或数个洞，除打成单一直洞外，有的又在侧壁上掏一个或数个“拐洞”，以增大居住面积，有的将土岭打透于另一端开窗，有利于阳光照射和通风。窑脸多用土坯或石片砌成，后发展成为砖砌及砖装前脸，称为“开敞式窑院”，也叫“靠山窑院”。

靠山窑（1）

靠山窑（2）

窑洞小学

70 红二十五军军部旧址

建设地点：三门峡卢氏县
功能类型：历史建筑
建造时间：1934年前
保护级别：省级

红25军军部旧址位于卢氏县城西南 98 km，现存砖木结构，硬山瓦建筑共14间，面积 900 ㎡。卷棚屋坐北朝南，面阔三间，进深二间（军部会议室），大殿紧接卷棚，面阔三间，进深二间。东西厢房各4间，为军部领导人住室。

旧址现为兰草中学使用，保存基本完好，另有部分珍贵照片、家具等革命遗迹，具有很高的历史保存价值和重要的纪念意义。2006年6月8日，被河南省人民政府公布为第四批省级文物保护单位。

红25军军部为1934年12月4日，由军长程子华，副军长徐海东，政委吴焕先，副政委郭述申等率领的中国工农红军25军，北上抗日，途径卢氏时，红军主力在兰草宿营，军部驻扎在兰草学校。12月8日，红25军击溃豫陕交界要塞铁索关之敌，胜利进入陕南后，创建了卢氏、洛南、商南、商县结合部为中心的鄂陕边革命根据地。兰草是根据地的中心区域，成立了红色政权，开展了轰轰烈烈的土地革命运动。

这里四面环山，地势险要,景点建成后与玉皇山国家森公园、九龙洞风景区形成一条红色旅游线路，是人们休闲度假的好去处。2007年，卢氏县委、县政府把25军军部旧址进行了维修改造，建立了革命纪念馆，作为革命传统教育基地。

军部鸟瞰

71 徐家湾碉楼

建设地点：三门峡卢氏县
功能类型：住宅建筑
建造时间：1880年左右
保护级别：市级

徐家湾碉楼位于卢氏县徐家湾乡政府所在地，由道光年间土匪李延亭所建。该建筑的建筑规模、建筑风格、安全设施在当时较为独特，具有一定的研究价值。

该建筑距今已经有130多年，主人李延亭是当时徐家湾的“四亭二风”之一，此建筑是他当上镇嵩山军第五旅旅长以后修建的集住宅、办公、防匪为一体的碉楼式“洋楼”。解放后被收为公用。

现存建筑南北长 30 m，东西长 15 m左右，上下三层，建筑面积约 1 000 ㎡，一楼中间南北相通，房间东西排列有14间。二楼房间也是东西分布，有16间。三楼不能使用，只能用于采光和通风。洋楼的北边建有绣楼、炮楼。站在炮楼上可以看到洋楼和街道的全貌。一楼的北边修有厨房、豆腐坊，还有鱼池、花园、菜地等。四周修有围墙。

碉楼整体结构为砖木结构。地基采用青石白灰砌筑，四周全是砖柱，中间下为石头，上为土坯，内外白灰抹面。

“碉楼”实为江南式的“碉堡”，古今融通，中西合璧。尤其在安全方面，只有炮楼和阳台修有跺落，二楼每间向外开窗，遇事可以向外瞭望，又可以射击，居高临下，易守难攻。洋楼、炮楼、绣楼浑然一体，颇具特色。

碉楼外观

72 石佛村李家大院

建筑地点：三门峡义马市
功能类型：住宅建筑
建造时间：1859年
保护级别：市级

李家大院位于义马市东区办事处（原常村乡）石佛村。该院所依白鹿山，面向涧河，院南约 60 m是陇海铁路和涧河。

李家大院分两大建筑群，分别坐落于石佛村街道南北两侧。其北侧建筑群为主宅，由五套四合院组成，村民俗称“五过庭”，今谓“李家大院”。一号、二号院为石佛村李氏九代李一元所建。三号院至五号院为其次子(掌门）李景阳所建。三、四、五号宅院主人依次为：长兄李鸣鹤（贡生）、掌门李景阳、四弟李鸣盛（武略骑尉）。

现存宅院两套，保存较好。整个大院房屋为砖木结构，院内布局依次为外院、垂花（过庭）、里院、上房，地势逐级抬升。

李家大院为典型清式“硬山小式四合住宅”，建筑严格循依清代《工程做法则例》。在选址上，依照中国古代风水学说布局：白鹿山在鸿庆寺东部，有一自然形成的巨大凹处，形似天然避风港，其东侧凸出较长，西侧稍短，风水学谓之“左青龙，右白虎”。李家大院背倚白鹿山之“港湾”，南面为涧河之滨平川良田，构成俯视效果，谓之“前朱雀、后玄武”，堪为清代民俗文化的特写。

柱础

群板雕刻

宅院

73 商丘县穆家大院

建设地点：商丘县
功能类型：住宅建筑
建造时间：1890年
保护级别：市级

穆家大院位于商丘县中山二街。始建于清光绪十六年（1890年）前后，是一座1宅3院、五门相照、坐北面南的建筑群，有房舍80余间，建筑面积约 1 100 ㎡，保存完整的还有中宅院、堂楼院和东院3处，今为县政府招待所使用。中宅院为穆家宅院的核心，建于1912年。平面呈方形，占地约 1 000 ㎡，建筑面积 566 ㎡。3间门楼居于前围墙中央，门外有3级条石台阶，两边石狮把守，门楼后檐出厦 1.4 m，檐下两根明柱座在鱼鼓石上，两边耳房用加山木棂与过道隔开，青砖砌墙，白灰沙浆勾缝，墙厚约 50 cm，建筑面积 76 ㎡。穿过门楼进入院内，迎面是堂屋5间，单层，明三暗五，建筑面积 204 ㎡，青砖砌墙，墙厚 60 cm，白灰沙浆勾缝，明间出厦 2.4 m，有明柱2根支撑，室内方砖墁地，拼成古铜币图案，内墙麦糠泥打底，麻刀灰罩面，抹灰板条吊顶，前墙开花格木棂子大窗，棕红色油漆；墙基础高 1.2 m，上铺厚 8 cm的青色条石，砖墙砌在条石上；黑布瓦坡屋面，外廊檐椽上用木板实铺，背面青砖封檐，屋脊不居中，屋坡前长后短，两端站兽，垂脊下段安放垂兽、天马、狮、凤、龙、仙人。堂屋两侧为东西对称的厢房，单层砖木结构建筑，每幢建筑面积 143 ㎡，厢房出厦 1.6 m，清水墙厚 52 cm，有直径 28 cm的出厦明柱，一门两窗，木棂窗开在前墙，中间开双扇大门，屋脊也不在山墙中央，前坡长，后坡短。　穆家北四合院位于中宅院后边，占地一亩，建筑面积 55.0 ㎡。前面3间门楼及围墙，双扇黑色油漆大门，中间过道，两边为客厅。进入院内为堂屋、东西厢房和门楼、前墙围成天井形四合院。堂屋上下2层，建筑面积 324 ㎡。每层5间，明三暗五，明间开间 4 m，出厦 1.8 m，暗间开间 5.2 m，跨度 7.2 m；底层开前窗，2层前后开窗，通向阳台处留有双扇外门1樘；木楼梯设在室内靠后墙位置，2楼为木楼板；青砖青瓦，墙厚 60 cm。两侧厢房均为3开间，檐高 3.9 m，出厦 1.5 m，砖木结构，每幢建筑面积 80 ㎡。整座四合院均为室内方砖墁地，内墙麦糠泥打底，麻刀灰罩面，出厦立红色油漆明柱。

中宅院

北四合院

中宅院入口门楼

74 任家大院

建设地点：商丘虞城县
功能类型：住宅建筑
建造时间：清代
保护级别：省级

任家大院位于河南省虞城县城关镇大同路中段，是清代中期大地主任蕴清的一座多重四合院宅院。该大院以房子数量多，质量高，结构复杂而闻名，是豫东地区保存较完整的清代民居。任家大院占地面积 3 721 ㎡，房屋102间，沿中轴线3进主院，布局平面呈“凸”字形，它以门楼过厅、中堂、堂楼为中轴线，按照左右对称、前低后高的原则，严谨地将各个单体建筑连成一片。屋顶是青色小瓦铺面，内顶为八砖拼扣，檐脊翘张，屋有脊兽，屋脊重叠，脊端皆为专门烧制的兽首饰物。屋内上有垛梁，方木扁椽，下有镂雕隔扇。

各院皆为四门相照，结构对称严谨。 第一进院内南屋5间，西楼3间，北屋3间大过厅，前后大出檐，木格窗棂，南北两门相对；北屋两端，又各设门道1间，连东西两侧耳室。第二进院是一组完整的四合院形式，东西配房各8间，向北正中有3间中堂。大过厅前出后包，前壁为木棂装饰，厅内支两立柱，直撑屋顶。东西配房各3间，并各有出厦走廊通往后院。第三进院是整个建筑的主体建筑，也是主人的内宅。正北坐北朝南的是一座堂楼，南阔5间，上下两层，其中3间出厦，木雕栏杆，圆额楼门，4面设5个圆窗，楼内西侧是通向二楼的楼梯，木板铺面，通过四周的圆窗可观望全城。堂楼的下面有通往北面的地道，遇到险情钻入地道可出城北；堂楼两侧均有小堂屋，东1间西2间；院内东西两侧各有3间出厦的配房，配房的南侧接南端过厅的之间，又分别向东、向西连接两个四合院建筑群。1982年被列为县文物保护单位，2000年被列为省级文物保护单位。

第二进院

大院大门

第三进院

75 商丘市天主教南堂

建设地点：商丘睢阳区
功能类型：宗教建筑
建造时间：1948年
保护级别：省级

商丘市天主教南堂位于睢阳区中山南二街路东34号。它是由意大利米兰外方传教会派至中国开封主教区的主教谭维新创办的，隶属河南省开封教区的一个本堂区堂口。1907年至1924年，该教堂在城内叶隅首路北姜老锅公馆内。于1924年迁至现在的位置，1948年建成，其建筑为典型的西洋风格。天主教南堂共有教会特色的大小楼房五座，210余间，占用土地 0.93 hm²，建筑面积约 3000 ㎡，分为五个院，第一道院，进大门往北，供教友望撒；第二道院为神甫院；第三道院，进大门向南，为男修道院；第四道院是女修道院；第五道院是婴孩院。现除男修道院和婴孩院被毁之外，其它各道院保存完整。至今仍是商丘地区的主教堂。解放前，商丘天主教隶属西班牙重整奥斯定会，近年来，随着我国宗教对外不断开放，西班牙、巴西、菲律宾、台湾等国家和地区天主教神职人员每年来这里进行宗教文化交流。2007年商丘天主教会投资260多万元，建筑面积约 2000 ㎡的主教座堂已经建成。商丘天主教南堂现有主教座堂、神甫楼、修女院及其他生活设施，是商丘市天主教会活动中心。1999年经商丘市政府同意开放，2001年被商丘市人民政府公布为市级文物保护单位。

配楼

神甫楼

教堂建筑群

南堂

76 商丘圣保罗医院

建设地点：商丘县马楼庄
功能类型：医疗建筑
建造时间：1917年
保护级别：市级

位于商丘县城北平顶固堆集马楼庄，为中华圣公会河南教区医院，始建于1912年，由加拿大籍牧师怀履光等在开封南关创建。1915年，由开封迁入商丘县，1917年在现址购地建院。圣保罗医院现存建筑9栋，建筑面积 6 419 ㎡。分别为门诊楼、宿舍、西院宿舍楼、病房、大夫住宅楼、院长宿舍楼、护士长宿舍楼和护士宿舍楼。现为商丘地区人民医院使用与管理。整个建筑群平面多变，错落有致，浑然一体，较为美观。一般为青砖砌墙，木楼板，铁皮瓦屋面，出檐挑角，屋面上耸立着拔气筒与天窗。楼房都带地下室，露出自然地坪1m左右，安装窗子，有利地下室通风采光。

圣保罗医院外观

77 项城市袁世凯旧居

建设地点：周口市项城县袁寨村
功能类型：住宅建筑
建造时间：1907年
保护级别：省级

项城县袁世凯旧居位于项城县袁寨村，由袁保中设计并组织建造。该建筑为砖木结构，规模宏大，共有楼房72间，瓦房108间，戏厅2间，草房33间。院落四角有炮楼，房屋12间。东西长 140 m，南北宽 90 m，占地 1.26 hm²。袁寨分东西中3个院落，三进四合院平面组合。其中西院为主院，除设有戏厅外，还有宅院花园，内有假山、凉亭、小桥流水。院落间有 3 m宽南北道路，南侧有东西向主干道，与南北道路连成一体，主干道，与南北道路连为一体，主干道东西两端各设门房3间。院西北设兵营一处，为四合院瓦房，东北角，西北角各设炮楼3处，每处房屋六间，炮楼与南侧门房、院墙构成防卫体系。

袁宅总体布置形同小型宫殿，正房多为2层楼房，偏房为平房。楼房南向为木柱外廊，圆木漏空栏杆，双坡悬山小瓦屋面。

前院正房

后院正房背面

后院正房正面

门房

78 项城市袁世凯行宫

建设地点：周口市项城县水寨镇
功能类型：住宅建筑
建造时间：1907年—1916年
保护级别：省级

项城县袁世凯行宫建造于1907年（清光绪33年）至1916年，位于项城县水寨镇南大街，由匠人常怀四、韩鸿献设计，袁世凯堂弟袁世钧领班建造。行宫占地约6 000 ㎡，有楼瓦房99间。整座建筑坐西向东，对称布局，呈中、左、右三组并列院落组群，每组院落又分前、中、后三节四合院，并以“备”弄相通，布局呈“富”字型。建筑多为抬梁式木结构，硬山式砖墙，木柱石础，小挑角，为晚清建筑风格，细部采取西式做法.是中式为主、中西结合的建筑形式。

行宫鸟瞰

斗拱

山墙

墀头

正房

厢房

79 辛亥革命烈士祠

建设地点：驻马店新蔡县
功能类型：纪念建筑
建造时间：1943年
设计者：金寿安
保护级别：市级

辛亥革命烈士祠位于新蔡县城北大街路东今县委会院内，西紧邻大街，北距护城河 25 m。祠坐北向南，为单檐硬山式重梁结构高台建筑，前有月台，面阔五间；当心间阔 3.65 m，梢间 3.9 m，尽间 3.9 m，通进深 7.20 m，梁柱12根，柱围 1.15 m，青石素面柱础。祠全长 21.4 m、宽 9.3 m、墙厚 0.68 m，檐深 0.68 m，高 12 m。该祠创建于1943年，经县知名乡绅任芝铭（曾任河南省民革委员会主席），蔡子含、张三甫、马子召等人主持，电请国民党南京政府批复后，由金寿安承建，闫耀初督工落成。当时，此处曾设立“今是”附小学校。该祠原为辛亥革命同盟会会员为纪念1913年在开封俨孝寺壮烈牺牲的闫子固和1911年12月在陕州张茅镇殉难的刘粹轩二烈士而建，称为“二英祠”。随后得知城西李桥东单庄也牺牲一位同盟会会员单古希烈士，又称“三英堂”（当时为纪念三位烈士，李桥一中学命名为“三英中学”，小学命名为“希古小学”）。后来查出新蔡县还有许多辛亥革命烈士，因此，“三英堂”又更名为“烈士祠”。

烈士祠正面

80 五沟营民居

五沟营民居位于五沟营南街路东，两层，砖包外墙，重梁起架。建于民国时期。

建设地点：驻马店西平县
功能类型：居住建筑
建造时间：民国时期
保护级别：市级

民居外观

民居内部梁架

民居内部楼梯

81 确山县临时治安委员会旧址

建设地点：驻马店确山县
功能类型：纪念建筑
建造时间：1927年以前
保护级别：省级

确山临时治安委员会是大革命时期，中国共产党建立的全国第一个县级革命政权。该旧址位于河南省确山县城建设路中段路北，前后共三进院落，清代小瓦建筑。2000年9月25日被河南省人民政府公布为河南省重点文物保护单位，以旧址为依托，通过文物征集和布展工作，成立了确山县临时治安委员会纪念馆，已于2005年4月21日对外开放。

1927年4月4日，共产党员杨靖宇、张家铎、张耀和领导确山数万农军对确山县城发起总攻。4月8日确山农军活捉了县知事王少渠、推翻了旧政权、攻占了确山县城。1927年4月24日，确山县人民代表大会选举产生了全国第一个县级红色革命政权——确山县临时治安委员会。杨靖宇为代理主席，委员会下设财政委员会、教育委员会、清理逆产委员会、管狱委员会、治安总队等机构，并组成学生联合会、妇女协会、工人运动委员会、各界联合会、反奉运动委员会等十多个群团组织。1927年4月30日《汉口民国日报》载文称：农工组织政府，确山首先实现，在革命史上是很光荣的一件事，在农民运动史上，也是很有价值的……“。英国《泰晤士报》惊呼：中国河南出现了苏维埃。

纪念馆

革命陈列室

82 中共中央中原局旧址及竹沟革命纪念馆

建筑地点：驻马店确山县
功能类型：纪念建筑
建造时间：历史建筑为1939年以前建，部分建筑为1990年新建。
保护级别：国家级

中共中央中原局旧址位于河南省确山县城西 32 km的竹沟镇，共有四个四合院落。西院是新四军竹沟留守处旧址，南屋是留守处办公室，东屋是留守处军事部，西屋是留守处主任王国华的办公室兼卧室，北屋是中原局警卫室。中间院落是中共河南省委旧址，南屋是河南省委宣传部、党报委员会，西屋为河南省委军事部，李先念、彭雪枫先后在此办公、住宿，北屋是省委书记朱理治的办公室兼住室。东面紧邻的是中共中央中原局旧址，北屋为中原局办公室，门梳上悬着周恩来总理生前题书的“竹沟革命纪念馆”匾额，苍劲雄劲，熠熠生辉，院落里一棵枝繁叶茂的石榴树，是刘少奇同志在竹沟栽种的，石榴树东侧是刘少奇同志办公室兼卧室，他的著名著作《论共产党员的修养》就是在这间房屋中修订的，与刘少奇住室相对的西屋是徐海东、郭述申等过往干部的寝办室；再向东为中共豫鄂边区党委、中原局秘书处、中原局组织部、中原局供给部等。各室门外有铭刻，室内陈列着革命先辈使用过的简陋桌椅、床铺、其他用具等实物。

1938年11月，中共中央六届六中全会决定成立中原局，1939年，刘少奇及中共中原局机关在这里指挥中原的抗日战争。李先念、彭雪枫、张震、王国华等及著名历史学家范文澜、经济学家斐济华曾在这里战斗或工作过。抗战期间，竹沟被誉为“小延安”、“小陕北”。目前，纪念馆由30间故居组成，有文物遗址31处。纪念馆北 3 km处为以纪念碑为标志的革命烈士陵园。

竹沟革命纪念馆按原貌修复了中原局、河南省委、八团留守处及刘少奇、李先念、彭雪枫、朱理治、王国华、张震等同志旧居，被列为国家重点文物保护单位。建在竹沟烈士陵园内的竹沟革命纪念碑于1988年10月10日落成。竹沟已成为中原大地上重要的爱国主义教育基地。

竹沟革命纪念馆新馆

烈士陵园纪念碑

竹沟革命纪念馆旧馆

中共中央中原局旧址（1）

中共中央中原局旧址（2）

中共中央中原局旧址（3）

中共中央中原局旧址（4）

83 正阳县袁乃宽庄园

建设地点：驻马店正阳县
功能类型：住宅建筑
建造时间：1911年—1913年
保护级别：市级

袁乃宽庄园位于正阳县城东北20公里处的袁寨。1911年开工兴建，1913年竣工。庄园占地面积 1.1 hm²，建房138间，建筑面积 2 484 m²。整个建筑古朴大方，当地人称为“小故宫”。袁乃宽为民国初期的官僚地主，曾任民国政府的粮食总长，参与袁世凯的称帝活动。庄园设计、施工由北京技工承担。庄园为一进三幢的大宅院，四周建有高房，如外城环绕。内院分前中后三个叠层。前幢正中无大门，门口开在东侧，有一高大影壁正对门楼。后檐走廊北段有砖砌长池一座，池中部有桥，连接第二幢天井院大门，入门为东西延伸的画廊，廊北为一石阶，即第一天井院，两侧有东西厢房各五间。后幢布置和第二幢相似。庄园外围以深沟高寨。建筑物四周有回廊，均为移柱造型。

庄园胡同

庄园内部

庄园大门

84 社旗县挹爽门

建设地点：南阳市社旗县
功能类型：水利建筑
建造时间：1958年（2005年修复）
保护级别：市级

社旗县赊店镇，作为明清时期的一座著名商业巨镇，因汉光武帝刘秀在此赊旗起兵反莽而得名，素有“天下第一店”的美誉。清咸丰八年（1958年），为抵御捻军的骚扰，该镇修建“周长十八里，高三丈五，厚两丈五，顶面一丈三”的城墙，共建九道城门。时任南阳知府顾嘉衡特为各个城门起名目和题对联，镌刻为石匾和石联镶嵌在寨门门额和西边，顾嘉衡称正西门为“挹爽门”，赞颂此寨具有豪迈气概，雄情爽气之势，其嵌联为“挹露灿霞陷晓际，爽心悦目有花石”。挹爽门是赊店古镇的正西门，2005年开始复建，城门高二层共 20.15 m，拱券门洞，歇山顶飞檐挑角，总占地 344 ㎡，风格为明清建筑风格，该建筑不同于其它同类建筑之处，是其门洞在汛期可兼做防洪水闸。

挹爽门

85 社旗县厘金局

建设地点：南阳社旗县
功能类型：商业建筑
建造时间：1853年
保护级别：市级

厘金局是清政府收取商业税的机关，因税率为百分之一，即一厘，故收税机关被称为厘金局。社旗县厘金局是我国保存最为完整的清代税务衙署，位于南阳市社旗县城正中心清代一条街路西，北距山陕会馆 100 m。西距南阳市 40 km。据清光绪年间《南阳县志》载：“咸丰三年，县始税，商官设局三，一在赊店镇，……城南关又置厘金局……”说明了厘金局成立的时间、地点和作用。

赊店古镇在清乾隆年间，逐渐发展成南船北马的商业重镇，因地位重要而成为清廷抽取厘金的重要基地。当时南阳、桐柏、唐河、泌阳、方城五县的厘金总局即设于赊店，知署厘金局的官员为从三品衔，该局直属河南巡抚管辖，并沿唐河设多处分卡。民国年间，该局改为“南泌方统税征收局”，1931年裁撤，走完了78年的历史历程。现存房舍29间，占地面积 650 ㎡，三进院落，青砖灰瓦，门口尚存“奉旨抽厘”四字。

厘金局正门

86 社旗县蔚文中学旧址

建设地点：南阳社旗县
功能类型：教育建筑
建造时间：1942年（2007年修复）
保护级别：省级

社旗县太和乡蔚文中学，始建于1942年6月，竣工于1946年8月，是开明绅士李自炎出巨资兴建的“罗马教堂式旋转楼”建筑。面南背北，砖木坯瓦结构，上下三层，共有房舍126间，楼高 12.80 m，东西长 46.70 m，南北长 40.50 m，占地近 1 900 m²，整体造型为一天井院格局，外部与遵义会议会址大楼相仿。建筑正面和天井院内一楼、二楼的四侧均由数个连环拱圈支撑。上下、前后、左右完全对称，既符合力学原理，宜于室内采光，又节省了材料，更能给人以和谐、统一、庄重、高雅的美感。墙体设置的对开窗更利于空气流通。最引人喷叹的是楼的前排和内侧都有走廊，人在楼上可随意走动，前后左右，四通八达，呈“回”字形，故有“转楼”之称。整体建筑凸现了欧式建筑艺术，是中西建筑风格完美结合的杰作，又被当地群众称为“洋楼”。

蔚文中学的旋转楼还有丰厚的文化底蕴和历史背景。清末京城大学士张东寅曾为该楼题写“乐育楼”的匾额，悬于前楼正门两侧4根巨型圆柱的上方。国民党元老、书法大师于佑任也曾为该楼题写校名，“蔚文中学”金色大字的匾额悬于校门。遗憾的是，名人的珍贵墨迹均因战乱等原因未能幸存下来。解放战争时间，当时的中共地下党员刘花年、左保乾等人，曾以教书为掩护，在学生中积极开展革命活动。1948年，“刘邓大军”曾将后方医院设在以太和寨为中心的唐河两岸，“转楼”就是当时的救治场所。1990年被河南省命名为省级文物保护单位。2007年初，河南省政府投资近百万元对该旧址进行了整修。

旋转楼正立面

旋转楼正门

檐口细部

旋转楼背立面

旋转楼天井院

87 南阳靳岗天主教总堂

建设地点：南阳靳岗
功能类型：宗教建筑
建造时间：1844年
保护级别：省级

南阳靳岗天主教堂是天主教南阳教区的主教座堂，位于河南省南阳市郊外西北6 km的靳岗村。建筑群包括大经堂、女经堂、圣母山、寨垣等，加上以后续建的仁慈堂，石印馆、木工院等，总建筑面积达数千平方米，是一个以西方古典复兴为主要建筑风格的庞大建筑群，曾有“东方梵蒂冈”之称。是河南建设最早、规模最大的近代建筑实体。

1791年，法国遣使会神甫刘方济秘密来到南阳靳岗，发展了若干教徒。因此后来这里长期作为天主教河南教区的中心。1844年，天主教河南教区设于靳岗，成为总堂。1870年，意大利m兰外方传教会接管河南省的教务，派安西满（1831—1904）任河南教区主教。1875年，安西满在靳岗建成可容千余人的罗马式主教座堂。附近还陆续建造了女经堂、司铎楼、圣母院、坟园、西满中学等。1895年，还在村庄周围用三合土修建坚固高大的寨垣，周长1 500 m，高6 m，共设5座寨门。靳岗教堂还在靳岗和汉口设有账房，分别管理附近的246.7 hm²土地和汉口租界内80余栋房产。1900年7月6日到9日，义和团曾发动数万人围攻靳岗教堂，当时河南全省四分之三的教堂已被捣毁。1956年，靳岗天主教堂开始由天主教友爱国会管理。1961年大经堂失火焚毁。现今的靳岗堂区教堂占地面积约有3 hm²，房屋约四百余间，设有养老院，残婴院、及诊所等慈善事业。管辖教友四千余人。教堂西侧圣母山院，绿草铺地，苍松点缀，奇石相砌。教堂各院落古香古色，神圣肃穆，身临其间，清新宜人。教堂于2000年被定为省级重点文物保护单位。

天主堂正立面

院落环境

88 南阳天主教主教府

建设地点：南阳市区
功能类型：宗教建筑
建造时间：1900年代
保护级别：省级

南阳天主教堂位于今南阳市民权街，为靳岗天主教总堂的分堂口。由意大利传教士包海容，梅岑南主持于20世纪初陆续建成。占地 3 093.33 ㎡，修建各类房屋300余间，建筑面积 1 960 ㎡。主要有司铎楼、祈祷圣殿、护训学校、眼科医院及其它附属建筑。司铎楼重建于1927年，为欧洲文艺复兴时期的旋拱式建筑，砖木结构，建筑面积 454.15 ㎡。坐北面南，矩形平面，高台基，室内外高差 1 m，上下两层，前设廊，上层廊用玻璃幕墙封闭，底层廊为旋拱墙，拱柱直达2层檐口，白铁皮天沟卷檐。祈祷圣殿位于司铎楼东 4 m处，重建于1937年，砖木结构，中西混合形式，南北纵列11间，建筑面积 450.8 ㎡，殿堂外形以中国传统建筑形式为主，两坡屋面，北端局部为多坡，小瓦覆顶。南立面入口采取变形的塔什干式门脸，上为三角形山花，半圆券正门上横塑“祈祷圣殿”字样。两侧玫瑰窗。室内白色墙面，有吊灯、壁灯装饰，以及彩绘朱饰。1942年，西墙5间底部被日军飞机炸开一个洞口，后改为侧门。现为南阳市豫剧团改为3层宿舍楼使用。其它除小经堂、接待室为西式建筑外。2012年，拆除了附加建筑，恢复旧貌。

内院环境

祈祷圣殿侧立面

祈祷圣殿正立面

89 商城县顾荆乐堂

建设地点：信阳商城县
功能类型：住宅建筑
建造时间：1937年
保护级别：市级

商城县顾荆乐堂位于县城南 34 km处之长竹园乡，处于群山怀抱之中。为商城县县长顾敬之兴建，占地 3 220 ㎡，建成一进三重院1座，房屋88间。第一进正屋10间，两侧各有2层楼厢房12间。正房高 13.2 m，墙厚 0.76 m，跨度 7 m，正宅、厢房下面皆有明、暗地下室。正房楼板为条石板块，厢房为木楼板，屋脊皆为花砖压顶，两端为精雕大理石鳌鱼兽头。二、三进各为5间，两重大院各为24 m×7 m布置，条石铺地。正房楼梯为磨光条石三面环绕垒砌盘旋而上。院内有直径2 m石凿金鱼池和长圆形洗浴池，四周有精雕大理石花台。每重正房大门顶端均镶有“顾荆乐堂”大匾。二重正房后面墙上镶有4个 4 ㎡大字：“礼、义、廉、耻”。四周山上有砖围墙，高 4 m，厚 1 m，住宅四角及周围山上均建有炮楼。

该建筑前后施工共8年，现主宅尚存，曾为长竹园乡林业技术学校使用。

入口

宅院

炮楼

90 鸡公山历史建筑群

颐庐、南德国楼、美文学校旧址、姊妹楼、瑞典式大楼、三菱别墅、华昌别墅洋行、马歇尔楼

颐庐

建设地点：信阳鸡公山
功能类型：住宅建筑
建造时间：1912年—1923年
保护级别：省级

六角塔亭

小亭

颐庐附属楼

颐庐又名“志气楼”，是鸡公山最有特色、首屈一指的建筑。此楼为直系军阀吴佩孚部第十四师师长靳云鄂建造，建筑面积 1 274 ㎡，四层中西式混合结构，长18 m，宽 21.15 m，高 21.1 m，体现了中国传统的“方正端庄”的特色。下三层均为花岗岩料石券廊环绕，第四层是在第三层上浇注钢筋混凝土结构，屋顶上立有两个造型别致、覆钟状塔亭。门廊外有两根 4 m高，直径 50 cm的石柱支撑，上雕立鹤、飞龙、花卉等精美图案，屋顶四周有花岗岩圆柱栏杆，前部近 2 m处有封密式六角塔亭，除一面有门外，其余装有弧圆形玻璃窗，边长 2 m，亭高 9 m，其中檐高 3.6 m，上高 5.4 m，塔顶端为莲蓬，下部状如覆钟。六角屋檐上翘，脊上饰以各种花卉图案，把中国园林特色轻巧地应用到西洋式的平屋顶上，屋顶后部建长宽各 3 m的轿亭，亭高 7 m，檐高 4.2 m，檐部为三道钢筋水泥平线，依次挑出轿亭外，四周为拱券组成，亭顶端为荷苞，下为覆钟式四曲面穹窿。各层回廊均为彩色水磨石面，并镶有各式花卉图案。卫生间为钢筋水泥结构，其余为木结构，各楼层门上和圆形门头窗，镶嵌着彩色玻璃，形状各异，通过阳光照射，五彩缤纷，具有宗教神秘气氛。颐庐附属楼，体量略小，两楼门廊之间，有“Y”字形通道交叉相连，白铁皮四面坡屋顶，底楼为水泥地坪，砖墙外饰水泥抹面，窗楣线为逐层挑出的圆弧组成。门楼上方用水泥塑雕东海日出图案，四周饰以各种花卉，并涂以绿、红、黄、白等艳丽色彩。门西侧栏板柱上有一对走式雄狮塑雕。

颐庐建成后，曾在此开办过颐庐小学、东北中学、鸡公山中学。1938年曾遭日军飞机扫射，现仍留有斑斑弹痕。新中国成立后，此楼曾作为疗养院，1982年经鸡公山风景区管理局对门窗进行维修，1983年开放，现信阳市委宣传部承租作为中国少年儿童手拉手活动基地。

颐庐主楼

南德国楼

建设地点：信阳鸡公山
功能类型：住宅建筑
建造时间：1920年
保护级别：省级

鸡公山南德国楼为德国汉口合股蛋厂（商号礼和洋行）为夏季避暑而建，位于南岗防空洞西侧100 m，建筑面积297.35 ㎡，是鸡公山德式建筑保护较完整的一幢。房体为石墙，特制机瓦，后部为灌铅挂钩，挂于屋面。屋面陡峭，排水畅快，四周采用白铁皮沿沟、落水管集中排水。屋顶有老虎窗，室内有壁炉，北、东各有一门。二层东门为圆拱。东门外有几个踏步直通二层。北门有14个踏步亦可达二层。该楼平面为矩形，楼梯和门廊设在不同部位，使形体丰富多彩。山墙半腰和底部各横立一带形屋面，使层次清楚，整个楼房高宽比为3:2，比例协调，展现雕塑美，带有浓厚的西洋风味。

自1981年鸡公山风景区管理局成立以来，此楼就处于保护范围之内，1989年门、窗修护一新，现对外承租。

南德国楼正面

南德国楼屋顶

南德国楼侧立面

美文学校旧址

建设地点：信阳鸡公山
功能类型：教育建筑
建造时间：1914年
保护级别：省级

美文学校旧址(现称美国式大楼)位于鸡公山风景区北岗，海拔高程 745 m，建筑面积 2 288.74 ㎡，此楼基原为美文学校简易平房，于1914年重建，该楼分三层，一层为餐厅，二、三层分别为男女宿舍。

主体建筑为砖、石、木混合结构，片石基础，砖墙外粉，红瓦坡屋面，平面呈“槽钢”形，两翼和中间均衡。楼正面西洋风格，罗马、哥特式手法建筑均有体现，为洋折衷主义建筑。此楼保持较好，2002年底至2003年初修缮了门窗，现为鸡公山管理区使用。

内部楼梯

学校正立面

顶部突拱

门廊

屋顶内部

姊妹楼

建设地点：信阳鸡公山
功能类型：住宅建筑
建造时间：1912年
保护级别：省级

鸡公山姊妹楼建于1918年前，位于鸡公岭北段红娘寨，分南、北二楼，南楼为南阳镇守使吴庆桐所建，北楼是袁世凯的侄孙子国民党新编十二师师长袁英私占鸡公山北侧盐卡，以征收过往盐税敛财而盖的避暑楼房，因两幢楼房外形和结构相同，故称“姊妹楼”。

两幢楼依地势而建，料石墙体，红瓦屋面，室内地坪南楼较北楼高 2.74 m。两楼门廊均设在墙角处，向外伸出 1.6 m，前宽为 4.6 m，在外墙处向两侧伸长 6 m，组成走廊，廊宽 3 m，廊柱用条形石砌筑，门庭大门与门廊平行，面向南方，两侧墙均与门廊成45度夹角，两楼东南面外墙在同一轴线上，相距 5.2 m，门庭别具一格，既因地制宜，又充分利用了阳光。

姊妹楼是一组独特建筑群，是红娘寨主要景物。1935年成立鸡公山管理局，设址于此。鸡公山沦陷期间，日军曾把姊妹楼作为据点，设岗加哨，驻兵防护。1982年鸡公山风景区管理局对此楼全面修缮，并修复了红娘寨，将“红娘寨”三字刻在寨门上，2000年对姊妹楼内部进行装修，现为鸡公山管理区客房。

姊妹楼近景

姊妹楼远景

姊妹楼背立面

瑞典式大楼

建设地点：信阳鸡公山
功能类型：教育建筑
建造时间：1926年—1930年
保护级别：省级

瑞典人于20世纪20年代中期在鸡公山办瑞华学校，校址设在今铁路疗养院球场外，校舍为三层草顶楼房，在1926—1930年间建成瑞典式大楼，为学校校舍，招收长江中下游洋商子女就学，此楼含地下室共四层，地下室作餐厅，一层作教室，二、三层作宿舍。1945年日军侵占时遭到严重破坏，50年代初期修复。楼平面呈“工”字形，外形别致，颇有异国风情。建筑面积 2 443 ㎡，墙面为青色料石砌筑，石木结构，屋顶为四面坡屋顶，开有“虎头窗”，并以坡度较陡的白铁屋面作阁楼的墙体。楼中部前后均凹进 2 m宽的古罗马式圆拱石券廊，并加石栏杆围护，廊内两排教室为青砖结构，其间设有通道，宽敞明亮，典雅和谐。50年代初对全楼进行一次全面修复，现为郑州铁路局工人疗养院。

三菱别墅

建设地点：信阳鸡公山
功能类型：住宅建筑
建造时间：1914年
保护级别：省级

日本三菱洋行在武汉的合股公司集资建此房。该房西南方，去南街的小路上修有门柱，门柱上标明1914年修建，约于1922年——1923年赎回，收归国有，另行出租给其它商人，原为典型的日式建筑，二层木质结构、木地板、推拉门、石墙、镇铁顶，东西门名有小凉台一处，圆拱大窗，下层为长方形小窗，配置得体，美观大方。整个楼体坐北朝南，底层东西各有一大门。二层南大门改修“八”字形踏步，水泥雨棚，比较美观。室内翻修成中国式房间，该楼采光通风颇佳，式样别致。1989年由信阳地区化工总厂出资对三菱别墅进行了门、窗、地板维修，目前保持完好，现为鸡公山管理区青年旅舍。

小颐庐

建设地点：信阳市
功能类型：住宅建筑
建造时间：1921年
保护级别：省级

小颐庐位于颐庐西南80 m处，地上两层，地下一层，为石、木、混凝土结构。此楼依山就势而建，别具一格。东侧视之，1、2层全隐地下，酷似平房；西侧视之，3层石砌的俊俏小楼耸立崖边。因此又名“小平楼”。为靳云鹗姨太住处。2、3层有罗马式外廊，各有7个敞开圆拱，料石房体，四周设花岗岩条石护栏，白铁皮封护房檐，圆形落水管排水，平屋顶，周边为95 cm高的意大利花岗岩庭院护栏。顶部仿颐庐筑两个覆钟式塔亭：一个为四棱，圆形荷包；一个为黄色八角封闭式轿亭，顶端塑含苞待放的荷花。木质楼梯，楼板，各层两侧为敞开式外廊，楼北是花园，调试维护。现园内仍有紫薇花和梧桐遗株。

正面

华昌别墅洋行

建设地点：信阳市
功能类型：文化建筑
建造时间：1915年—1918年
保护级别：省级

华昌别墅洋行位于南岗中心地带，在去报晓峰公路的拐角路口处东侧，为华昌洋行1915-1918年间所建，石木铁皮混合结构，建筑面积324.35 ㎡。室内地坪比公路高出3.55 m；南向是3 m宽封闭外廊，1 m以上全采用外开玻璃木窗。舞厅主房内不设大舞池，设小型舞房3间。房间下部有0.6~2 m深空间隔层，杉木地板，刷红漆；地板梁布置稠密，下有片石地龙墙，结构合理。南坡有两处小脊气楼，气楼南侧开木百叶窗。屋顶为镔铁小坡瓦垄，镀锌铁皮方形落水管排水。舞厅外形独特，室内明亮，内部回廊环绕；后临山，前为陡坡。1938年夏，蒋介石夫妇曾在此避暑，又称美龄跳舞厅。因四周1 m以上全装玻璃，俗称“玻璃房”。

正面

马歇尔楼

建设地点：信阳鸡公山
功能类型：住宅建筑
建造时间：1906年
保护级别：省级

马歇尔楼位于逍夏园东 130 m处的小山岗上，石、木、铁皮顶结构，1906年俄商所建，建筑面积 185.79 ㎡。1946年，美国特使马歇尔以调处为名，参加中共和国民党在湖北宣化店的谈判，并拟定会后登鸡公山观景，当时的管理局准备安排他在此楼下榻，后虽未成行，仍称此楼为马歇尔楼。

此楼小巧玲珑，样式别致，大门为圆拱，门窗呈弧形，宽敞的外走廊，水磨石地坪，13根圆形门柱配置曲弯相宜，门厅显得通达优雅。楼顶筑八角尖塔，直刺天空，内呈方形，视野开阔。房间设有壁炉，屋顶有气窗、烟囱。建筑外观秀雅。

马歇尔楼是鸡公山名楼之一，是鸡公山早期别墅建筑，见证了鸡公山百年历史。2006年被河南省文物局列为省级文物保护单位，2007年拨专款修缮，设为马歇尔国共调停历史纪念馆。

大楼外观

入口

后门

书房

91 信阳袁家大楼

建设地点：信阳市
功能类型：住宅建筑
建造时间：1909年
保护级别：市级

信阳袁家大楼位于今信阳市火车站西约 100 m处，袁骏伯（曾任民国政府财政次长）于1909年兴建。大楼为2层砖木结构，长 26.9 m，宽 21.5 m，建筑面积约 800 m²。方形平面布置，砖木结构，歇山式红瓦屋顶，台基为半地下室，室内地坪为架空木楼板，地面以上四周设有通风洞口。三角形豪式木屋架，前檐下部为宽 2.4 m的外廊，木柱支撑，1层砖砌护廊，2层铁木花格栏杆，双扇玻璃门窗，门窗上均带有抛物线形腰窗。造型新颖，为典型的中西合璧式建筑。该建筑仍保存完好，今为信阳市百货采购站使用。

正面

92 红二十五军长征出发地

建设地点：信阳市罗山县
功能类型：纪念建筑
建造时间：1933年
保护级别：国家级

何家冲是红二十五军长征出发地，位于大别山西麓，河南罗山县境内，总面积 20 hm²，1996年被国务院批准为第四批全国重点文物保护单位。

1926年，中国共产党就在此组建了农民协会。1929年建立赤卫队。鄂豫皖革命根据地形成后，何家冲是苏区的游击区。红四方面军西撤后，何家冲是红二十五军和鄂东北省委坚持斗争的主要地区。三年游击战争时期，何家冲为豫鄂皖边区抗日根据地的重要组成部分。红军二十五军从何家冲出发长征，是中国革命史上的重大事件。1934年11月16日，红二十五军奉中央军委副主席周恩来的命令，高举“中国工农红军北上抗日第二先遣队”的旗帜，由何家冲出发长征，成为第一支到达陕北的红军长征部队，并因此被誉为“北上先锋”。何家冲景区按照“山水红星村，罗山何家冲”、“长征胜利从这里开始，罗山何家冲”的定位，形成了入口区、场馆区、体念区、服务区、民俗区、广场区、医养区和水域区等八个功能区。

正面

93 中共中央鄂豫皖革命根据地旧址

建设地点：信阳市新县
功能类型：办公建筑
建造时间：1931年
保护级别：国家级

鄂豫皖革命根据地旧址位于河南省新县县城（新集镇）中原路62号。旧址原来是一家大地主的住宅中间，有一条长廊贯穿整个宅院，将之一分为二；整个宅院前后共五进院，有七栋中式楼房，房屋六十多间。1931年、1932年，中共中央鄂豫皖分局、中共鄂豫皖省委驻扎在此。

1927年11月，黄麻起义之后，地处大别山区的鄂豫边、豫东南、皖西革命根据地先后建立，经过不断的发展、扩大，到1930年4月，三个根据地就连成了一片，形成了鄂豫皖革命根据地。1931年，红军攻克了新县新集，成为鄂豫皖革命根据地的政治、经济、文化中心。1931年5月，中共中央鄂豫分局和革命军事委员会在新集成立。1932年1月，组成中共鄂豫皖省委，沈泽民任书记。中共中央鄂豫皖分局、军委在新集长达一年四个月，1932年10月第四次反“围剿”失败后，随同红四方面军撤离了鄂豫皖革命根据地。

鄂豫皖革命根据地旧址保存较为完好，在中共中央鄂豫皖分局旧址，保存了军委办公室、徐向前旧居、省委和省委会议室、分局和省委机要室、沈泽民办公室和住室、郭述申办公室和住室、成仿吾办公室和住室、陈昌浩办公室和住室、省委妇女部等机关的旧址。

遗址

中共中央鄂豫皖分局旧址图

中原建筑大典

20世纪建筑◎下

Selected Architecture in Central China

Building in the 20th Century

94 河南博物院

设计单位：东南大学建筑研究所
　　　　　河南省建筑设计研究院
基地面积：10.4 hm²
建筑面积：7 hm²（主馆及配楼：5.57 hm²）
建造时间：1998年

总体布局取“九鼎定中原”之势，以主馆建筑为中心，对称构图。主馆建筑以我国现存最早的天文台遗址登封元代观星台为原型，造型宛若一座顶部如翻斗的金字塔，形象鲜明、结构严谨、气势宏伟，造型古朴典雅，既具有独特的艺术风格，又体现了中原文化的特点。室内环境设计中强调了序列和空间的引导，自然光与人工采光自然融合，以艺术表现的手法给参观者以庄重、神秘的感觉。

主馆夜景（靳明魏 摄影）

主馆入口

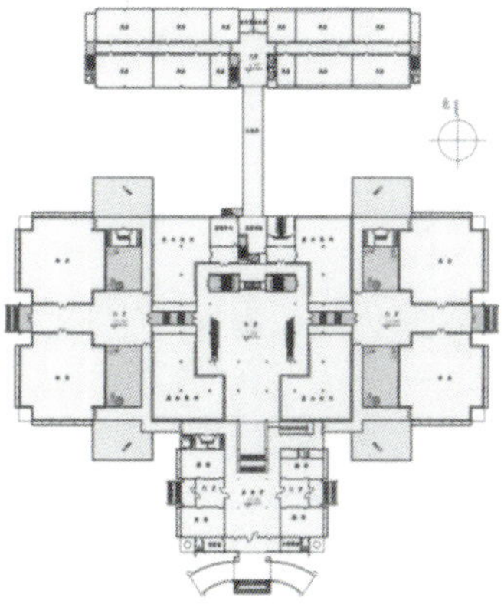

一层平面图

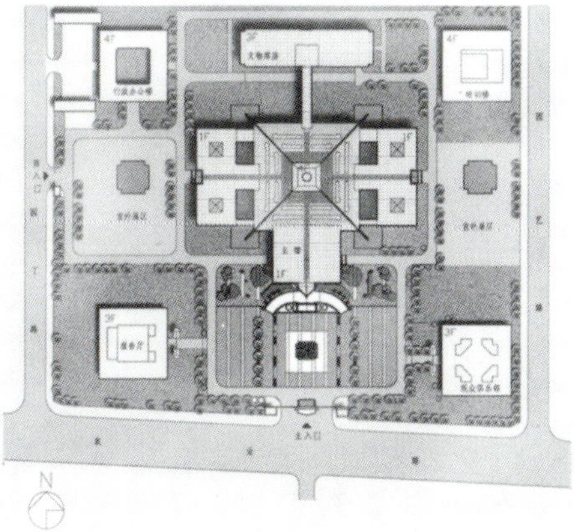

总平面图

配楼

主馆外景

95 河南省博物馆

河南省博物馆位于人民路与金水路交叉口，原设计为工业综合展览馆，1961年改为省博物馆。弧形主立面，对称布局，中轴面向交通转盘中心，通高柱廊，体型端庄，现已被拆除。

设计单位：河南省建筑设计研究院
建筑面积：12 000 m²
建造时间：1958年—1959年

鸟瞰图

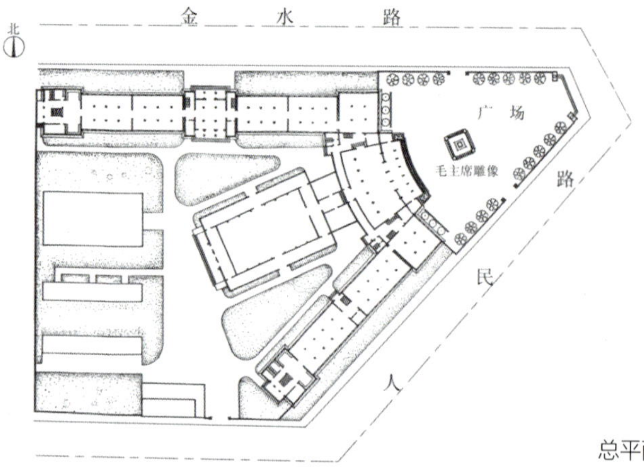

总平面图

外景

96 黄河展览馆

黄河展览馆，又称黄河陈列馆，1957年10月始建，1987年6月更名为黄河博物馆。主要用于展览黄河历史资料及建国后治理黄河的成绩。2012年修建地铁，该馆向东南方向整体平移 30 m 左右，以整体原型保护。

建筑面积：1 200 m²
建造时间：1957年

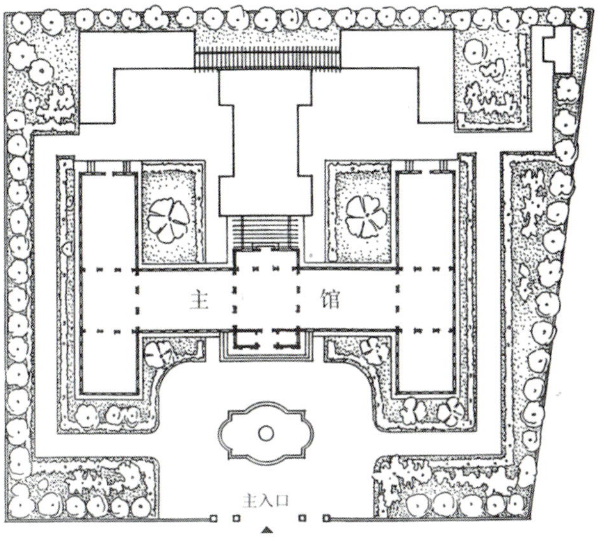

总平面图

外景

97 郑州二七纪念塔

设计单位：郑州市建筑设计院
基地面积：0.0 352 hm²
建筑面积：1 923 m²
建造时间：1971年

郑州二七纪念塔原为一座木塔，系20世纪50年代物资交流大会后留下的一个标志，1971年原址新建了并联式的双塔，塔高 56 m，地下1层，地上11层。塔的平面为两个东西相连的正五边形，原设计共7层，27 m高，喻意“二七”，用以纪念当年京汉铁路工人大罢工及在郑州遭军阀枪杀的两位烈士。后调整比例，高度增为11层，3层塔基座。一侧为垂直交通核，设有电梯及步梯；另一侧为展厅，共设有10层展厅和1个地下展厅，中间水平相接处作为水平交通。顶层有双座钟楼，内收后设室外环廊，可眺望郑州全景。

夜景

20世纪60年代二七广场木塔（水彩写生）

全景（20世纪50年代）

全景（20世纪90年代）

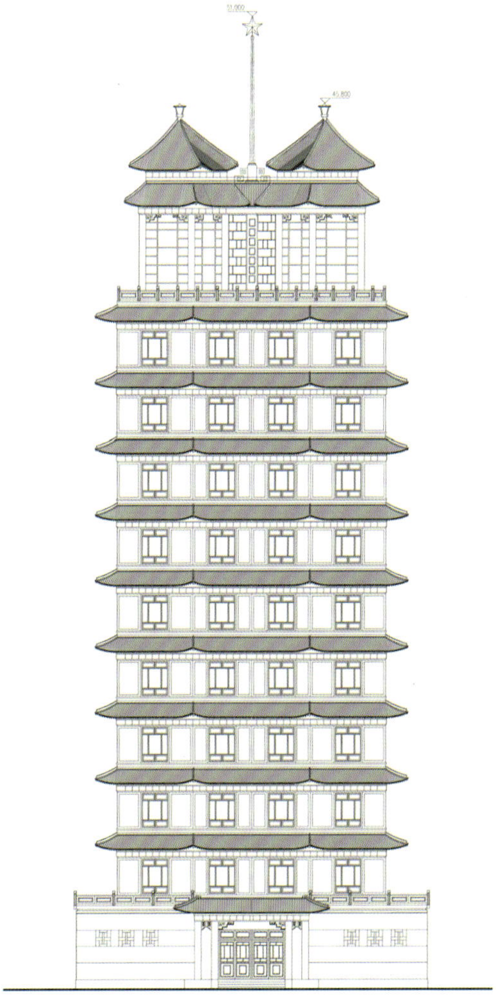

立面图

二七纪念塔全景

98 郑州二七纪念堂

郑州二七纪念堂2层，高 20 m，混合结构，设1543座，体块厚实，造型简朴，具有很强的纪念性，该工程是建国初期较好的建筑。

设计单位：河南省建筑设计院
占地面积：0.37 hm²
建筑面积：2 677 m²
建造时间：1952年

外景

立面局部（1）

立面局部（2）

99 河南人民剧院

河南人民剧院坐落于北二七路与太康路交叉口，是郑州市最早最著名的影剧院，舞台设施齐全，设有排练室，化妆室，外宾首长休息室，曾是省会政治经济文化娱乐活动的重要场所，2006年被拆除。

设计单位：郑州市第一建筑工程公司
建设规模：1760座
建造时间：1954年

20世纪50年代全景

20世纪90年代外景

100 河南省人民会堂

设计单位：河南省建筑设计研究院
建筑面积：18 400 ㎡
建造时间：1979年

河南省人民会堂位于郑州市金水区花园路1号（紫荆山广场对面）。观众席设2400余座，舞台总面积达 700 ㎡，内部设有18个中小型会议厅，分别以河南省18个地市的风格进行装修，体现了河南文化特色。建筑主体采用钢筋混凝土框架结构，整座建筑外观呈方形，立面构图虚实对比强烈，富有韵律。

20世纪80年代外景

观众厅内景

大厅内景

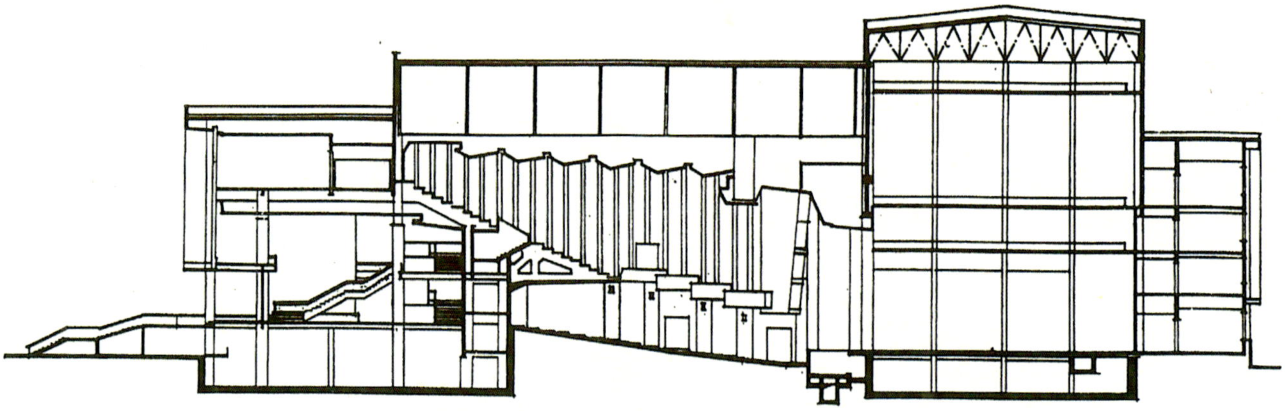

剖面图

改造后南立面

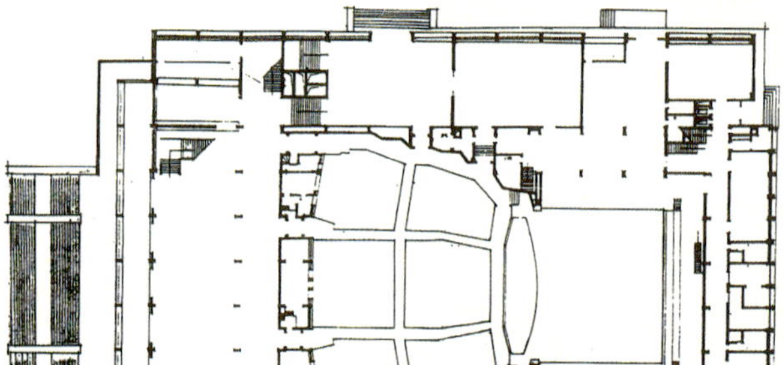

一层平面图

原南立面

101 河南省图书馆

设计单位：河南省建筑设计研究院
建筑面积：29 500 m²
建造时间：1988年

河南省图书馆老馆位于优胜北路，现已拆除。新楼位于郑州市伊河路东段，设有1500个阅览席位，藏书300万册，为省级大型文化设施。新楼由阅览、书库、采编、报告厅和办公用房等部分组成，阅览室6层，书库11层，现浇钢筋混凝土框架结构，报告厅为预制构件拼装结构，外部东南立面采用无光带釉条式面砖贴面，西、北面贴玻璃马赛克。

新楼鸟瞰

旧馆

新楼沿街面

102 河南省科学技术馆

河南省科技馆位于花园路，为我省科学技术工作者的活动中心。它包括科技活动厅、展览厅及报告厅三部分，报告厅设1000座，后院加建了接待宾馆。

设计单位：河南省建筑设计研究院

占地面积：1.5 hm²

建筑面积：8 251 m²

建造时间：1984年

外景

鸟瞰

103 河南、中州、儿童影剧院

三座影剧院有极为相似的大相框式造型，是当时影剧院的典型建筑风格，取当时一部喜剧电影主角名，戏称“大李、老李、小李”。

中州影剧院外景

河南影剧院外景

儿童影剧院外景

104 河南省妇女儿童活动中心

设计单位：郑州工业大学综合设计研究院
占地面积：1.03 hm²
建筑面积：5 500 m²
建造时间：1993年

河南省妇女儿童活动中心由艺术教育馆和科技天文馆组成。艺术教育馆由圆形表演厅、培训中心和两层艺术教室环绕内庭院组成。整个平面如同一卧式钢琴，立面设计利用“钢琴”的连续曲面设计了大型彩色壁画“我们热爱阳光”，突出了艺术教育的主题。科技天文馆由带折顶的科技馆与象征地球的球形天文馆组成。整体建筑群形象生动，功能合理，色彩绚丽，适应少年儿童的心理要求。

科技天文馆外景

艺术教育馆外景

105 郑州市青少年宫影剧院

设计单位：河南省建筑设计研究院
建筑面积：3 284 m²
建造时间：1981年

郑州市青少年宫工程原分为二部分，第一期工程为影剧院，二期工程为广场主席台及活动楼（未建）。影剧院平面非对称布局，主入口设在转角处，前厅由西南两翼组成“L”形空间。观众厅座席后排为台阶式布置，视线、音响良好。西翼大厅可设夹层休息厅，散座下面的三角形空间布置小卖部和厕所。观众厅尺寸定为27X32 m(4 m开间，砖柱承重，钢屋架，铺槽形板)，采用矩形平面，无楼座，有乐池，设1495座。声学设计采用侧墙反射体反射声波，声扬分布均匀。入口处三开间采用大玻璃窗虚实对比，尺度宜人，造型、色彩简朴。

20世纪80年代外景

主入口

休息厅内景

106 郑州市群众艺术宫

郑州市群众艺术宫位于郑州市西区建设路，是一座能满足各类戏剧演出、电影放映和会议使用的综合性剧院。外观经新装修后，清除了原外墙上颇有特色的大片马赛克壁画，从而显得不伦不类，失却了原有的韵味与强烈的虚实对比效果。

设计单位：郑州市建筑设计院

建筑面积：9 517 m²

建造时间：1984年

20世纪80年代外景

20世纪80年代立面局部

改造后外景

107 郑州市老年宫

设计单位：郑州市建筑设计院

建筑面积：5 700 m²

建造时间：1991年

郑州市老年宫整体造型分为上、中、下三部分：第一层以大玻璃区分内外；第二层以较长平面为特征的实空间；第三层以斜面构成虚空间。建筑平面以不封闭的长方形内庭院为核心，长宽为 32 m× 24 m，并划分为标高不同的三部分，分别为活动场地A、活动场地B和樱花园。

20世纪90年代外景

内庭院

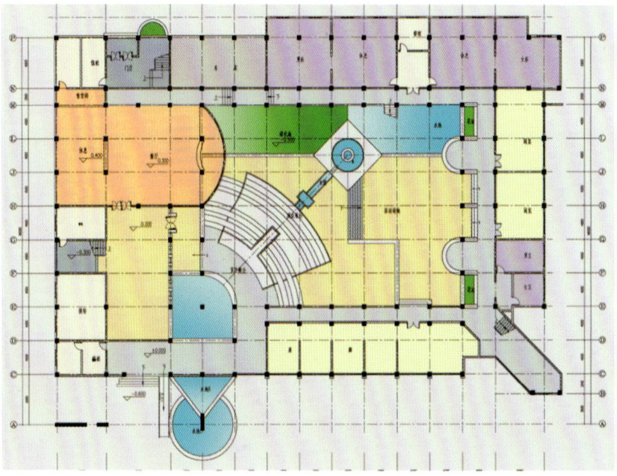

平面图

108 中原国际博览中心

中原国际博览中心包括主展馆、副展馆、综合服务办公楼、宾馆和动力站等单项工程。主展馆为三层展览性大空间，钢筋混凝土框架及钢管网架空间结构。立面造型设计采取单体块、大尺度、虚实对比、转角切削减法的方式，以突出整体形象和体现展览建筑的个性特征。

设计单位：河南省建筑设计研究院
占地面积：12 hm²
建筑面积：20 000 m²
建造时间：1993年

外景

西南角外景

109 郑州升达艺术馆

设计单位：郑州工业大学建筑研究所（一期）
郑州市建筑设计院（二期）
建筑面积：4 900 ㎡（一期）
建造时间：1997年

郑州升达艺术馆位于商代城墙遗址保护区，建筑布置在西南角，避开了保护地段，扩大了室外环境绿化。平面为非对称四合院形式，除南向为画室和办公、接待、展销区外，展厅采用单元式布局，通过回廊的转折、收放形成若干庭院小景。悬挑的室外楼梯结合庭院水池、绿化小品，丰富了内院空间。建筑造型为简化的盝顶形式，辅以坡顶，通过展厅形体的连续性，加强了节奏感，外部墙面线条划分、细部、色彩进行了较细致的推敲。扩建后，布局进行了调整，把庭院转为中庭，外观色彩细部有所改变，失却了淡雅的韵味。21世纪初更名为郑州美术馆分馆。

20世纪90年代外景

扩建后外景

110 郑州科学技术馆

设计单位：清华大学建筑学院
核工业部第五设计研究院
建筑面积：8 400 m²
建造时间：1999年

郑州科学技术馆主体建筑地上3层，地下1层，展厅内分设16个展区，共有200余件（套）展品，内容涵盖天地自然、声学、数学、光学、生命科学等26个门类的基础学科及应用技术学科。科技馆较多运用新型材料，造型富有高科技建筑特点，通过连续的弧形锯齿状屋面以及尽端尖塔作结束，在空间上与郑州博物馆形成“L”形广场。

全景

馆前广场

111 郑州博物馆

设计单位：清华大学建筑学院
核工业部第五设计研究院
基地面积：0.99 hm²
建筑面积：1.42 hm²
建造时间：1999年

郑州博物馆以郑州出土的商代青铜方鼎为造型构思基础，配以圆形碟状屋顶，取“天圆地方、鼎立中原”之寓意，融民族文化与时代精神于一体，独具特色。它集文物收藏、陈列展览、宣传教育、科学研究等多功能于一体，配备有先进的电脑网络系统、多媒体触摸屏系统、数码式语音导览系统及同声翻译系统，可接待多层次、多语种的学术会议和参观团体。

外景

入口局部

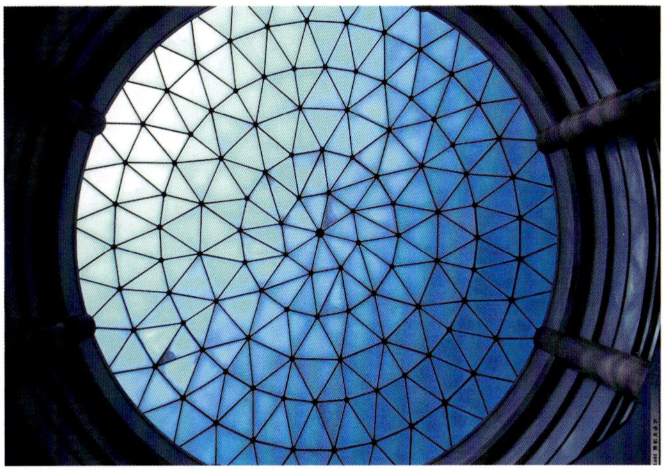
中庭穹顶

112 郑州美术馆

占地面积：1.89 hm²
建筑面积：5 200 m²
建造时间：1997年

郑州美术馆在总体设计上融现代建筑风格与庭院环境为一体，主馆建有600 m²的环形展厅2个，300 m²的陈列厅1个，400 m²的多功能厅1个，100 m²的画廊2个，200 m²的接待厅1个和1座3层画家创作楼（配有画家创作室21套）。美术馆配有国家二级监控、消防报警设施，可进行国内外各种艺术门类的大型展览活动。

外景

内景

113 开封博物馆

设计单位：开封市建筑设计院
占地面积：1.6 hm²
建筑面积：7 000 m²
建造时间：1988年

开封博物馆位于包府坑中路的包公湖南岸，与包公祠隔湖相望。平面呈“山”字形，主体为单檐歇山顶，两翼为盝顶，黄琉璃瓦覆盖，以延续古城文脉。其陈展楼面积 5 000 m²，中心大厅4层，正面展厅3层，两翼展厅2层，共有展厅13个，文物仓库面积 1 500 m²，馆藏文物5万余件，专业图书近5万册，是当时河南省最大的地市级博物馆之一。

外景

114 原洛阳博物馆

设计单位：洛阳市规划建筑设计研究院

占地面积：2.31 hm²

建筑面积：4 700 m²

建造时间：1974年

原洛阳博物馆（现名洛阳群众艺术馆）位于洛阳市中州大道，除展室外，文物库房 3 141 m²，综合办公楼 1 550 m²。在布局上采用了传统的对称手法与五段立面造型，主体以重檐四角攒尖顶为中心，下配以四柱牌坊，两侧是简化的双阙式牌坊，突出了入口，两端采用盝顶形式。建筑色彩以洛阳唐三彩为基调，黄色的三彩琉璃瓦和绿色檐口，色彩协调，朴实凝重，具有民族风格。

外景

115 洛阳古墓博物馆

设计单位：中国房地产开发总公司洛阳公司设计室（机械部第四设计院）
占地面积：2.87 hm²
建筑面积：7 457 m²
建造时间：1987年

洛阳古墓博物馆是一座新型的专题性博物馆，位于北郊邙山乡冢头村东（洛阳飞机场东侧，距离市区 6 km）。该馆采取传统的中轴线对称布置形式，依据自然地形分成三个台阶逐级升高，划分为地面建筑群和地下复原古墓两大部分，并以游廊、雕塑、流水等园林处理手法组成三个庭院空间。博物馆地面建筑以仿汉建筑为主，门阙式入口，正殿为序幕厅。汉阙、墓表、屋面、瓦件、纹饰、壁画等建筑符号与细部处理传承了汉代建筑风貌。

入口门阙

大殿外景

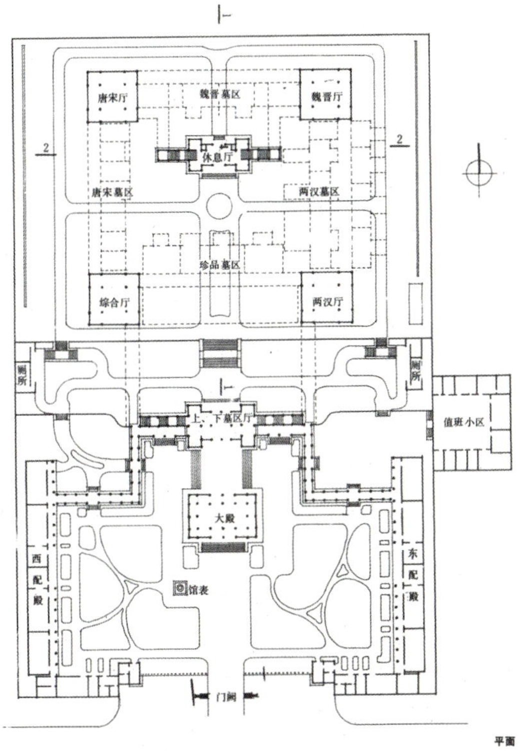

总平面图

外景

116 洛阳轴承厂职工俱乐部

洛阳轴承厂职工俱乐部利用原有俱乐部的舞台进行扩建。可供电影放映、歌舞表演和会议之用，并设阅览、游艺、电视、展览室等。观众厅设1650个座位。

设计单位：机械部第十设计院

建筑面积：4 138 m²

建造时间：1982年

外景

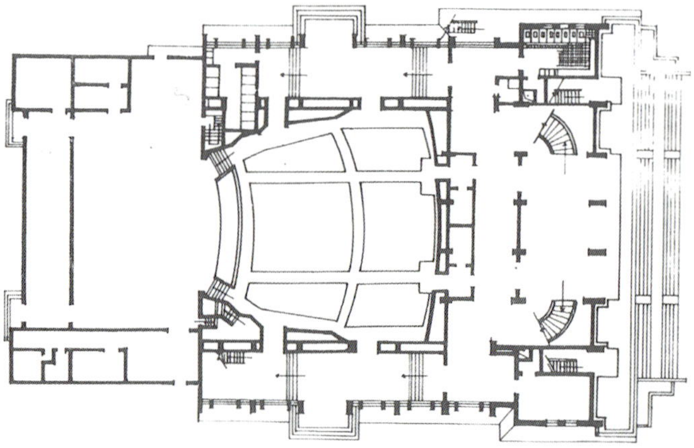

一层平面图

休息厅内景

117 三门峡市博物馆

三门峡市博物馆位于陕州风景区内，是三门峡市唯一的综合性博物馆。总体布局风格为馆中有园，园中有馆，古朴庄重，秀丽典雅。

设计单位：机械工程部第十设计院
占地面积：1.98 hm²
建筑面积：6 900 m²
建造时间：1991年

主楼外景

118 三门峡虢国博物馆

设计单位：西安建筑科技大学
陕西省古建设计研究所
占地面积：10 hm²
建筑面积：6 200 m²
建造时间：2000年

虢国博物馆是依托国家级重点文物保护单位虢国墓地建立的一座集文物陈列、遗址展示、园林景观为一体的专题性遗址博物馆。该馆位于六峰北路，北临黄河，展厅面积达4 000 m²，分虢国春秋、虢宝撷英、车辚马啸、梁姬风韵、虢君觅踪5个展厅。

外景

展厅内景（1）

展厅内景（2）

119 许昌人民电影院

设计单位：郑州工学院建筑系
建筑面积：6 500 ㎡
建造时间：1984年

许昌人民影院位于许昌市建设路与劳动路交叉口，2006年完成了电影放映大厅的装修改造。改造后1 300 ㎡的放映大厅采用国际流行的“高地坡、低视点、宽排距、大银屏”放映模式，能同时容纳600余人观看电影、文艺演出及召开会议等。

外景

120 南阳影剧院

占地面积：6 hm²
建筑面积：3 000 ㎡
建造时间：1981年

南阳影剧院位于南阳市中州路与文化路交叉口，与原南阳市行政公署隔路相望，是当时全市最大的公共娱乐场所，设观众席1668座，拥有全市娱乐场所最大的停车场地。这一相框式的立面造型，成为当时河南省各地影剧院的普遍造型。

外景

121 平顶山平声影剧院

建筑面积：3 992 m²
建筑规模：1700座
建造时间：1980年

影剧院外景

122 信阳市新县影剧院

设计单位：新县建委设计组
建筑面积：3 200 m²
建造时间：1987年

信阳市新县影剧院建于山地，为了充分利用地形，形成台阶式观众池座，以反向入口流线进入观众席。

影剧院外景

123 安阳市工人文化宫

设计单位：安阳市建筑设计院
占地面积：2.55 hm²
建筑面积：2 796 m²
建造时间：1954年

安阳市工人文化宫位于安阳市彰德路与解放大道交叉口东北角，是解放后安阳市的第一个大型建筑。建筑正面呈圆弧型，顶层主楼及副楼的门设计为挑角琉璃瓦结构，辅以朴实的水刷石墙面和高大的月台。建筑跨度约 21 m、长度 60多 m，室内分楼座和池座，共1756座。现已被全部拆除。

早期外景

改造后门头

改造后侧面

124 安阳大剧院

设计单位：安阳市建筑设计院

安阳大剧院地处安阳市主干道交叉路转角处，主入口位于道路转角处，通高的门廊显示出公共建筑的特征，两侧楼梯间花窗及塔楼衬托了主体。侧墙面划分竖向分隔排列，这种类似办公建筑的形式成为造型的不足之处。

全景

125 安阳殷墟博物苑

安阳殷墟博物苑建于洹水之滨，坐北朝南，取商代符号的大门以红、黑两色为主色调，三门并峙，简约古朴。广场中央伫立着堪称商代青铜器登峰之作的司母戊大方鼎仿制品。妇好墓、妇好享堂、母辛宗，（妇好死后，国王武丁为祭祀妇好，在其墓圹上所修建的宗庙建筑。妇好庙号“辛”，其墓上的享堂，卜辞称“母辛宗”）。在遗址上尽量做到考证复原，堂前竖立妇好汉白玉雕像。

仿殷大殿外景

大殿檐廊

鸟瞰图

126 郑州大学

设计单位：河南省建筑设计研究院
机械工业部第四设计院
郑州工学院建筑系
占地面积：48 hm²
总建筑面积：20.15 hm²
建造时间：1955年—1987年

郑州大学位于郑州市中原路中段，大学路西侧，原为文理科大学。1959年设立工科4系，后以工科为基础成立郑州工学院，直至20世纪末与郑州工业大学、河南医学院合并成立新郑州大学，该校区成为郑州大学南区。各时期该校区共修建过教学楼12幢，共计 4.03 hm²，住宅楼29幢，共计 5.31 hm²，其中生活服务设施 5.85 hm²。原机械楼位于工科院区北大门的中轴底景位置，两侧配楼为电机及水土楼，1964年工科迁出，现东侧安排为多层阶梯教室。阶梯教室位于北大门中轴线东侧，共三层。八角形状成为本建筑的特征。多边形组合的阶梯教室，缩短了进深，改善了视听效果。图书馆老馆位于郑大东入口广场中轴尽端的主楼位置，后迁入内院新建，现为郑大南区办公楼。体育馆建于20世纪90年代，由哈尔滨建筑工程学院设计。

原机械楼外景

阶梯教室全景

北校门

图书馆老馆外景

体育馆

郑州大学留学生楼东向外景

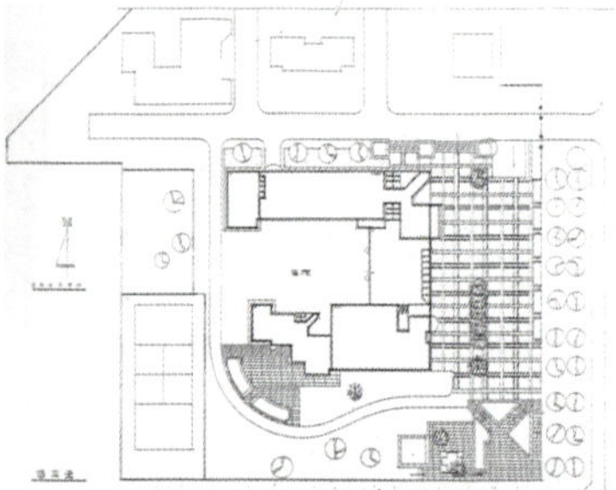

总平面图

郑州大学留学生楼是一个多功能的综合型建筑。是接待国内外学者和外国留学生学习、生活的场所，内设：留学生宿舍、教室、客房、专家公寓、外事办公室、学术报告厅、外宾接待室和相应的会议室等。建于1993年，建筑面积3800㎡，由原郑州工学院综合设计研究院和原郑州工学院建筑系设计。

大厅内景

127 郑州工学院

占地面积：37 hm²
总建筑面积：26.6 hm²
建造时间：1955年—1987年

郑州工学院位于郑州市文化路97号，于1963年在原郑州师范学院已建校舍4.07 hm²的基础上进行扩建，成立郑州工学院（隶属于化工部）；于1998年4月更名为郑州工业大学，同年8月由中央与河南省共建。

学校环境优美，校园规划严整有序，轴线突出，主要建筑历史悠久，分别反映了不同时代的鲜明特征。2000年同原郑州大学、河南医科大学合并成新的郑州大学，郑州工业大学改名为郑州大学工学院。

校内前后院的四栋教学楼呈对称式群体组合布局，显示了不同年代的建筑风格。陆续兴建的有机械楼、电机楼、科技报告厅、实验楼、土建系馆等建筑。

校门

水土楼

占地面积：0.9 213 hm²

平面中轴对称，建筑高度为3层，中部4层，平屋顶，传统5段立面处理，主次分明。入口处的两层柱廊承托的的通高雨篷檐部上的一些细部（如石质的雀替、霸王拳等），体现了20世纪50年代初期对传统建筑符号的探索。

水土楼

化工楼外景

化工楼东翼局部

图书馆（老馆）

设计单位：郑州工学院建筑系
建筑面积：6 428 ㎡、3 100 ㎡（扩建）
建造时间：1963年、1980年（扩建）

图书馆位于校园中轴线上，初建于1963年，主体建筑3层，呈“一”字型；20世纪70年代在馆西扩建，平面呈“品”字形，至90年代末拆除东面“一”字型旧馆重建新馆，新馆与西面原扩建部分相衔接。平屋顶、大雨蓬、遮阳板和规则排列的纵向长窗呈现出20世纪60年代中期建筑的典型风格。

图书馆老馆全景（现已拆除）

20世纪80年代扩建后西侧外景

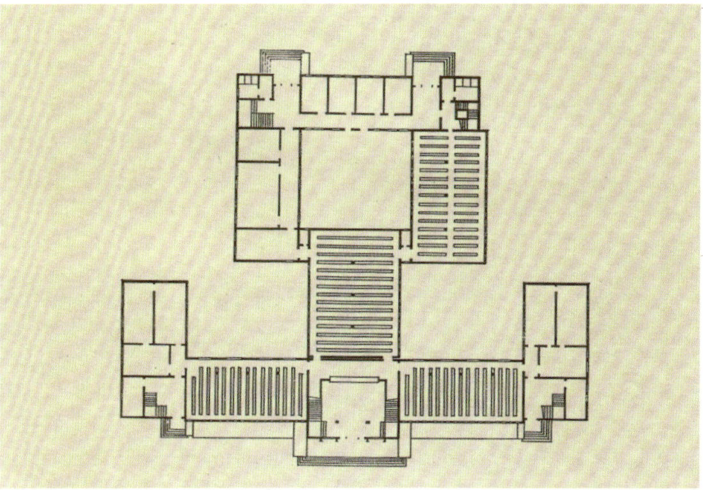

20世纪80年代扩建后平面图

图书馆（新馆）

设计单位：郑州工业大学综合设计研究院
建筑面积：1.2 hm²
建造时间：1999年

采用对称布局，在拆除原一期图书馆的旧址上新建，与原有图书馆西楼相连，形成“口”字形的布局。在平面布局上采用统一柱网、统一层高、统一荷载的空间结构形式。建筑共7层，下部为书库，上部5层为开架阅览室。高耸的柱廊、开敞式前庭以及宽大的台阶、强烈的虚实对比，显示了图书馆主楼的地位与性格。

图书馆新馆

科技报告厅

设计单位：郑州工学院综合设计研究院
建筑面积：780 ㎡
建造时间：1980年

坐落于校园中心的报告厅，主要入口以室外楼梯，通过门廊进入报告厅，报告厅采用台阶式排座，有良好的视听效果，南北两侧回廊既供休息、交流，又增加了空间层次感。造型上回廊的悬挑使建筑富有现代感，室外绿化、广场、铺装都做了统一设计。

科技报告厅

土建楼

设计单位：郑州工学院综合设计研究院
建筑面积：8 000 ㎡
建造时间：1987年

土建楼位于郑州工学院中轴线的最西端，共高5层。为了保证教室的良好朝向，采用双廊平面以及入口剪刀式楼梯的布局形式。4层阶梯教室布置在西翼，东翼入口北端为图书资料室和电教室，流线清晰，布局合理。

建筑底层采用锗红色，主体墙面采用灰白色调，形成色彩上的对比。建筑体量采用方形体块高低错落，穿插渗透，生动活泼。东立面上的遮阳板形成丰富的光影效果。

土建楼

128 华北水利水电学院

设计单位：上海同济大学建筑规划设计院（方案设计）
中国建筑西北设计院（扩初部分）
占地面积：37.3 hm²
建筑面积：230 000 m²
建造时间：1990年—2001年

华北水利水电学院1990年由邯郸迁至河南省郑州市，2009年，成为河南省第三所省部共建院校。学院位于郑州市北环与花园路交叉口西北角。

校门主入口的门架，由多排高低排列的门柱、轻巧的蓝色金属网架连接，与半圆弧形的次入口构成环抱形的广场，展现了20世纪90年代校园建筑的新面貌和时代特征。

图书馆按4000名在校生的规模进行设计，处于学校中轴底景位置。建筑共5层，宽阔的大台阶直达2层，中部圆拱下玻璃幕墙、横向水平条窗与白色墙面的对比使整体建筑风格简洁明快。

文体活动中心原设计为风雨操场，面积 3 500 m²，后来增加了会议、电影放映、文艺演出、体育比赛、师生社团活动等功能，最终完善成为一个多功能的综合文体活动中心，为学院举办各类大型活动提供了场所。

图书馆

校门主入口

文体活动中心

129 原郑州粮食学院

设计单位：粮食部设计院（总体规划）
占地面积：19.8 hm²
建筑面积：8.5 hm²（至1985年）
12 hm²（至1989年）
建造时间：1960年—1989年

1960年8月，该校迁址于郑州，更名为郑州粮食学院，这是我国当时第一所也是亚洲唯一的粮食院校。到1989年，学校建设基本上满足了当时教学、科研和师生员工生活上的需要。21世纪初，郑州粮食学院在新址另设新校区，更名为河南工业大学。校门面向嵩山路，采用简洁大方的方形结构，门廊与围墙采用同一手法和统一的外饰面材料，使整个校门显得儒雅、含蓄、庄重，能够体现现代大学的性格特征。礼堂为土黄色墙面、对称布置的砼花格窗与白色线脚对比鲜明，是20世纪80年代流行的相框式立面形式。

粮食食品综合实验楼，建筑面积为 12 000 m²，建筑地下1层，地上13层，总高度 50.80 m，结构为框剪结构，由主楼和裙房组成。主楼山墙正对学校大门，虚实对比强烈，高耸挺拔，1层裙房水平舒展，与主楼形成方向上的对比与映衬。

校门外景

图书馆外景

礼堂外景

外景

130 中国人民解放军测绘学院

设计单位：河南省建筑设计院
占地面积：18 h㎡
建筑面积：9.6 h㎡
建造时间：1987年

中国人民解放军测绘学院1946年5月创建于黑龙江省勃利县，1953年迁往北京市，1970年搬迁至武汉市，1976年定址于河南省郑州市，是一所为我军培养军事测绘人才的全国重点高等工程技术院校。主楼舒展宽阔的造型与群体组合表达了20世纪70年代建筑风貌。

主教学楼外景

图书馆外景

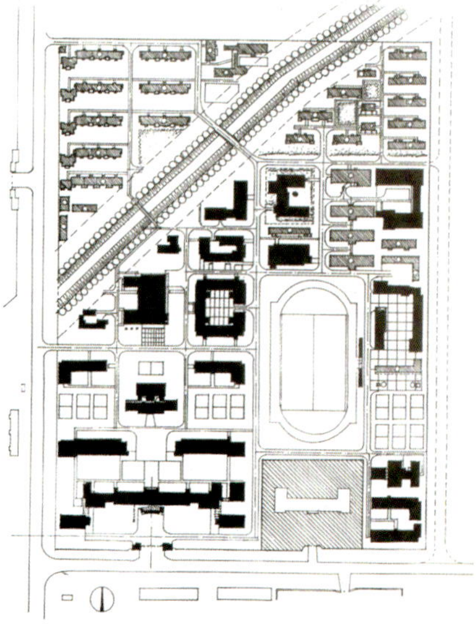

总平面图

131 河南省农业银行学校图书综合楼

设计单位：郑州工学院综合设计研究院
建筑面积：5 000 ㎡
建造时间：1991年

图书综合楼处于河南省农行学校中轴线的底景位置，为突出主楼，将报告厅移向一侧，两主入口均面向广场，使具向心感。报告厅设台阶式观众席1500座，采取45° 旋转，以求良好的视线并缩短了视距，三角形的舞台适应一般性演出与宽银幕布置。

主楼外景

入口局部

报告厅大厅

132 河南省实验小学电化教学楼

设计单位：郑州工学院综合设计研究院

建筑面积：501.7 ㎡

建造时间：1987年

电化教学楼包括300座阶梯型电教室和一个大型多功能活动室。设计结合实用、环境和儿童心理等进行了多方案探讨，小面积设计做到了多功能使用。建筑色彩明快、造型新颖，成为校园建筑群的主体，为校际间开展教学研究、学术交流提供良好的条件。

西南角外景

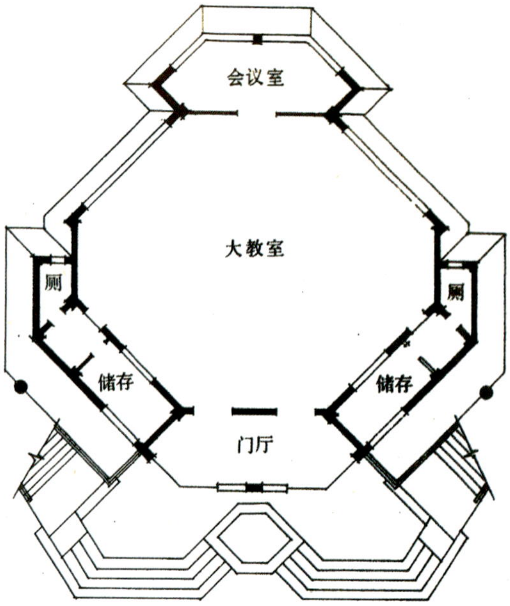

平面图

主入口

133 河南大学图书馆

河南大学图书馆1层为善本图书收藏、视听、微缩阅览，2层为文科图书收藏，3层为理科图书收藏，4层为外文图书收藏，藏书组织与阅览层相对应。阅览座位1000个，藏书200万册。

设计单位：河南省建筑设计研究院
建筑面积：11 548 ㎡
建造时间：1985年

外景

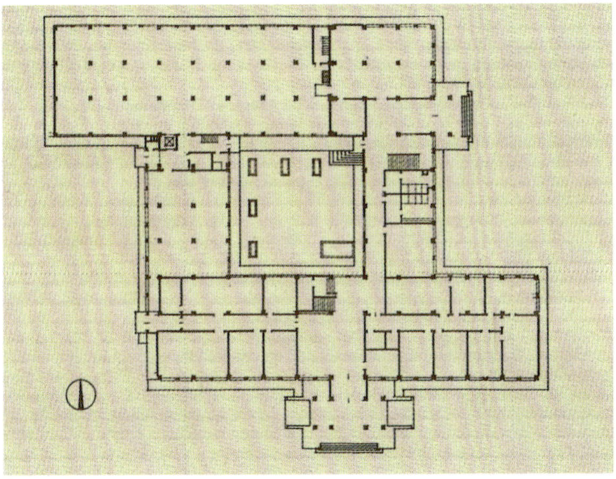

平面图

书库内景

134 开封大学

设计单位：郑州大学综合设计研究院
　　　　　开封市建筑设计院
建筑面积：3 500 ㎡（图书馆一期）
　　　　　3 300 ㎡（图书馆二期）
　　　　　4 700 ㎡（学生餐厅、礼堂）
建造时间：1992年（图书馆）
　　　　　1994年（学生餐厅、礼堂）

图书馆设于校园西北部，在内部功能上通过门厅及2层回廊联系阅览及采编，3层以上均按开架阅览安排。造型上通过东南角的穿插以及分层出挑、转折等手法而具层次感。20世纪末进行了扩建。

礼堂底层为学生餐厅，设有 8 m x 8 m 柱网，约1000余㎡的餐厅可同时供1800人就餐，2层礼堂设1500座位，32 m x 32 m 的钢网架上铺新型 3 m x 3 m 钢丝网聚氨酯组合屋面板。西南设厨房、备餐。2层平面以45° 的切角满足了视听要求，节约了空间；同时，室外宽敞的楼梯通向2层室外平台及礼堂入口大厅。平台的挺拔立柱与图书馆角柱相呼应。东南向的小庭院四周为厨房服务、小餐厅，以及上层化妆室等。

第一教学楼

图书馆

礼堂入口门廊

礼堂入口局部

礼堂外景

135 洛阳石化幼儿园

洛阳石化幼儿园平面以单廊两排分别布置12个活动单元，另配设餐厅、大活动室，部分屋面做儿童活动场地，通过局部坡顶及构架，求得造型上的丰富与统一。

设计单位：郑州工业大学综合设计研究院
建筑面积：3 200 ㎡
建造时间：1996年

鸟瞰图

多功能厅内景

总平面图

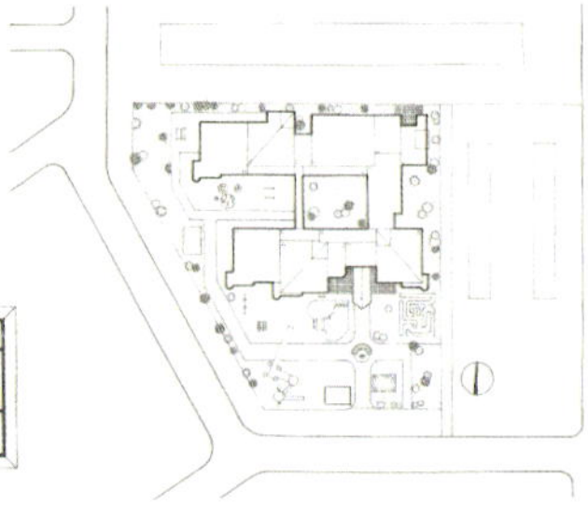

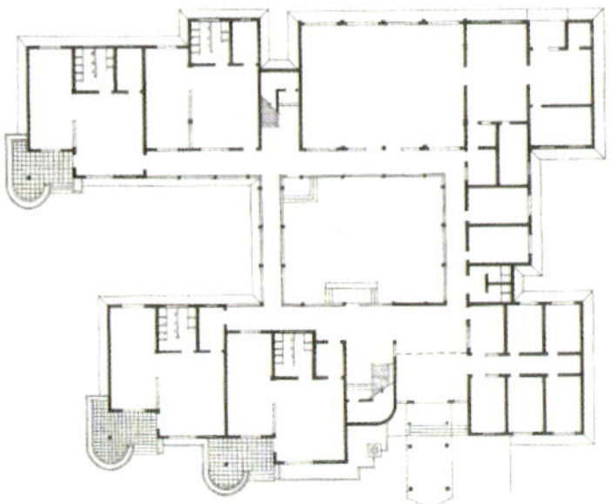

一层平面图

136 南阳理工学院图书馆、4号教学楼

设计单位：	郑州工业大学综合设计研究院
	南阳理工学院设计室
建筑面积：	7 200 ㎡（图书馆）
	11 000 ㎡（4号教学楼）
建造时间：	1992年（图书馆）
	1999年（4号教学楼）

南阳理工学院图书馆处于校园中轴线主楼位置。通过多方案比较，将馆与报告厅以连廊相接，以形成小庭院，丰富校园环境。从功能上考虑近期书库闭架，远期可作开架安排，3层中庭式大厅作为交通联系枢纽，阅览室作锯齿状布置，视野开阔，采光通风良好。

4号教学楼位于南阳理工学院东北方位，为理工学院综合教学实验楼。平面“L”型布局，立面构图分为三段。大空间实验室以方形单元组合，弧形转角大厅连接两翼，通过端部及顶层悬挑及色彩处理，丰富了造型的视觉效果。

图书馆外景

4号教学楼外景

137 陕州中学

设计单位：三门峡市规划勘测设计院
占地面积：33 hm²
建筑面积：92 000 m²
建造时间：1999年

陕州中学位于陕县县城陕州大道中段，校园绿草成茵，环境优美，拥有现代化教学楼、办公楼、科技楼、实验楼、师生公寓楼，同时还建有校园网、理化生实验室、电子备课室、微机室、语音室、多媒体教室、图书馆、学生活动中心；教室配备有闭路电视、多媒体教学设备等现代化教育教学设施，是三门峡市规模最大、人数最多、设施最先进的一所寄宿制高级中学。

主楼外景

校区鸟瞰图

138 河南省政府综合办公楼

设计单位：河南省建筑设计研究院
建筑面积：33 100 m²
建造时间：1994年

河南省政府综合办公楼以严格的中轴对称，深色带形窗与竖向线条的组合，白色墙面与入口赭红色大片实墙的强烈对比，显现出政府机构的秩序感与庄重。

外景

139 中共河南省委办公楼

设计单位：清华大学建筑学院
建筑面积：9 000 m²
建造时间：1986年

中共河南省委办公楼高8层，按柱网竖向划分，入口宽大的雨蓬表现出20世纪80年代建筑鲜明的时代特征。

外景

140 河南省人大办公楼

建筑面积：4 000 m²
建造时间：1982年

河南省人大办公楼框格式的墙面分隔，具有简朴、亲切的风格。

外景

141 中共郑州市委办公楼

设计单位：郑州市建筑设计院
建筑面积：1.48 hm²
建造时间：1965年

中共郑州市委办公楼位于中原路中段，砖混结构，采用中轴对称的建筑格局。办公楼坐南朝北，平面呈横工字形，传统的5段组合式结构。办公楼中部7层，两翼5层，扩大了侧面宽度。东西长 142 m，南北宽20余m，7层总高 29.9 m。

外景

142 河南省高级人民法院

设计单位：河南省建筑设计研究院
建造时间：1982年

河南省高级人民法院位于郑州市金水东路，由高层主楼与西侧主审判庭围合成十字形院落。体型简洁、对比强烈，表现了法院建筑庄重、公正的形象。

外景

全景

143 河南省广播电视新闻中心

设计单位：广播电影电视部设计院
建筑面积：3.7h㎡
建造时间：1994年

河南省广播电视新闻中心主楼地上21层，地下2层，裙房1-3层，主要功能区有办公区、电视演播厅、广播制作厅、多功能厅等。主楼采用接近方形的标准层面，高耸挺拔，与面向广场呈流线形布局的裙房相结合，层次分明。

全景

144 河南外贸大厦

设计单位：河南省建筑设计研究院
建筑面积：1.52hm²
建造时间：1990年

河南外贸大厦位于郑州市文化路115号，建筑设计以三角形穿插于方形平面中，深棕色外墙贴面加强了形体的构成力度，20世纪末向西扩建并进行了裙楼改造。

外景

145 河南日报报业大厦

设计单位：核工业第五研究设计院
建筑面积：4.1 hm²
建造时间：1999年

河南日报报业大厦位于郑州市农业东路，舒展的群房、近似方形切角的塔楼与水平展开的裙房形成形体上的对比，浅蓝色水平带窗与浅灰色铝塑板墙面、向上围聚的塔顶处理使整体造型与风格具有一定的时代感与标志性。

全景

主入口

146 中国银行郑州分行旧楼

建筑面积：5 300 ㎡

建造时间：1954年

中国银行郑州分行旧楼位于郑州市金水区花园路16号。建筑坐东面西，平面呈“┬”字形布局，主楼为4层，两侧及后部的配楼为3层。采用中国传统的盝顶形式，主楼檐口部分取我国传统建筑的某些细部，入口雨棚用仿古汉白玉勾栏造型，楼梯间采用八边形窗格。建筑外立面采用清水砖墙，屋顶为黄色琉璃瓦，柱子、雨篷及立面开窗部分则以白色为主。该办公楼是郑州市早期金融类办公建筑的一个代表，反映了当时历史条件下适用、经济的理念。

全景

立面局部

墙面花饰

147 中国银行河南省分行综合楼

设计单位：机械部第六设计院
建筑面积：1.86 hm²
建造时间：1991年

中国银行河南省分行综合楼位于花园路农业路交叉口东南角，地上12层，地下1层，总高度 56 m。下层为营业厅，西立面与西北角部分采用整体玻璃幕墙，体块组合衔接错落自然，造型简洁，具有银行办公建筑风格。

外景

148 交通银行郑州分行

交通银行郑州分行位于花园路与东风路交叉口东南角，其建筑造型具有西欧古典折衷式风格，半圆券、巨柱、穹顶等要素均在立面上有所体现，反映了20世纪80年代我国一些城市刮起的仿欧陆风。但是由于建筑师对西方古典元素的比例、尺度把握不够，因此存在着或多或少的遗憾与不足。

外景

149 河南省人民银行金融科研楼

河南省人民银行金融科研楼位于郑州市丰产路经五路交叉口西南角，地上21层，地下1层。主楼入口设于车库平台上，经重新装修为仿西洋古典柱式。

建筑面积：1.64万㎡

建造时间：1994年

外景

150 河南省保险大厦

外景

占地面积：0.1946hm²
建筑面积：1.46万m²
建造时间：1995年

河南省保险大厦位于郑州市花园路西侧，共23层，高80.5m，整体采用通体的玻璃幕墙方盒子造型过于简约而略显单调，反映了多元风格时代的社会审美情趣。

151 郑州黄金公司办公楼

外景

设计单位：河南省建筑设计研究院
建筑面积：4472m²
建造时间：1983年

主体平面为H形，地下1层，地上13层，框架剪力墙。1层为商店、餐厅、厨房、锅炉房等；2层为会议室及图书资料室；3至7层为办公试验室，7层以上为招待所。总高度为40.3m，是郑州市第一幢高层办公楼，体现了早期高层建筑通过横向线条划分立面的朴实的现代风格。

152 开封金属公司营业办公楼

设计单位：郑州大学综合设计研究院
建筑面积：7 400 ㎡
建造时间：1993年

开封金属公司营业办公楼为沿街商场办公楼。3层裙房作商业用房，上层办公。在立面上通过竖直圆筒与水平墙面分隔的强烈对比以及虚实、色彩的处理，打破了一般办公建筑单调的横长窗的格局。

外景

153 中国工商银行开封分行（金地大厦

中国工商银行开封分行（金地大厦）位于开封市丁角街与包公湖西路交叉角西北角，设计者在整体造型上巧妙地切削45°，使其主要立面面对包公湖。主楼舒展的横向长窗与纵向玻璃幕墙形成鲜明的对比。

外景

154 中国工商银行洛阳分行

设计单位：机械部第四设计院

处于转角地段的高耸圆筒形塔楼，半弧形大尺度玻璃幕墙与方格窗以及裙房尺度的对比，稍逊功力，表现了80年代所刮起的幕墙风。

外景

155 三门峡烟草大厦

设计单位：河南省建筑设计研究院
建筑面积：4 472 ㎡
建造时间：1983年

三门峡烟草大厦位于三门峡市崤山路中段，拥有豪华套房、豪华标间、豪华单间、普通标间94间。

外景

156 灵宝市四大机关综合办公楼

设计单位：解放军总后勤部设计院
占地面积：4.7 hm²
建筑面积：1.8 hm²
建造时间：1995年

中共灵宝市委、市人大、市政府、市政协四大机关的综合办公楼，是灵宝撤县设市后的第一栋政府办公大楼，位于涧东新区金城大道北侧19号，有办公用房454间。外型呈一字型弓形面展开，两侧从5层起向中部渐次升高，展示了弧形的天际轮廓。

外景

157 灵宝市宝地大厦

设计单位：中国建筑西北设计研究院
建筑面积：1.5 hm²
建造时间：1997年

灵宝市宝地大厦位于灵宝市新区金城大道与函谷大道交汇处，建筑主体14层，高 46 m，框架结构。转角通高的镜面玻璃幕墙与白色墙体与裙房的对比，加强了高耸的视觉效果。

外景

158 许昌烟厂综合楼

设计单位：郑州工学院综合设计研究院
建筑面积：5 700 ㎡
设计年月：1992年

许昌烟厂综合楼受基地局限，采用简洁的矩形平面布局，为接近原办公楼将主入口布置在一侧。柱网有利于布置上层的景观办公室，力求平面紧凑以提高使用率。关注了室外庭院景观及环境绿化。

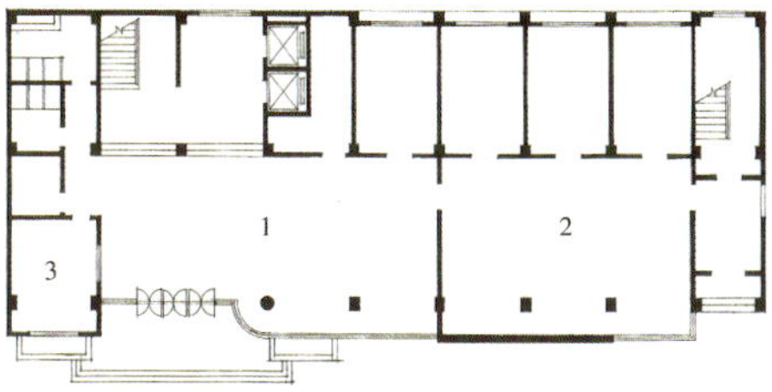

一层平面图

全景

159 中国银行漯河分行

中国银行漯河分行位于黄河路交通转盘西北角，19层的主体建筑直接面向广场而呈压抑之势。

外景

160 漯河市汇源区法院审判庭

漯河市汇源区法院审判庭基地面宽较窄，临近城市干道，主要设大小审判庭，主庭设在4层。入口通过大台阶进入2层大厅，流线组织清晰，避免相互干扰。立面处理体现庄重而严肃的法庭氛围。

设计单位：郑州工业大学综合设计研究院
　　　　　漯河市规划勘察设计院
建筑面积：4 200 ㎡
建造时间：1999年

全景

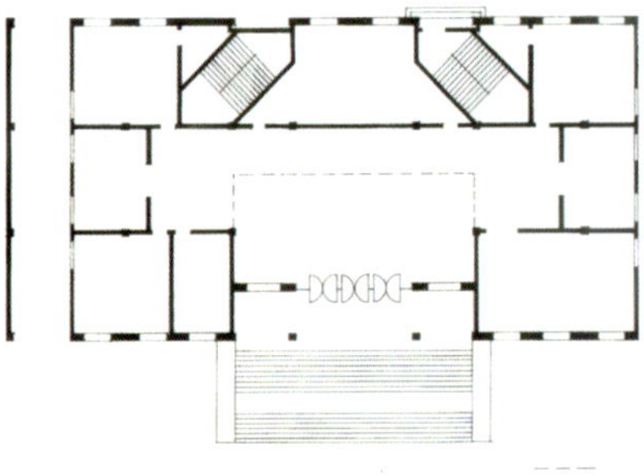

2层平面图

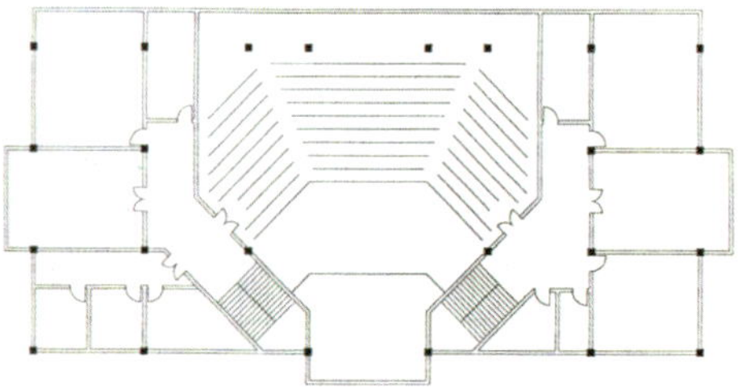

5层平面图

大审判厅内景

161 漯河房地产交易中心

漯河房地产交易坐北朝南的一字型办公楼（12层）与方形的2层交易大厅（约2 000 ㎡）组成“┏”字形平面布局，留下了东侧宽敞的入口绿化、停车广场。建筑转角的弧形处理使建筑在方向、虚实的对比上均有所呼应。

设计单位：郑州大学综合设计研究院
建筑面积：1.4 hm²
建造时间：1996年

全景

交易大厅外景

主楼大厅

162 漯河国家电网办公楼

设计单位：河南省郑州豫光勘测设计所

郑州大学综合设计研究院（扩建部分）

建筑面积：8 610 ㎡

建造时间：1998年

漯河国家电网办公楼位于黄河路丁字街口的对景，后经扩建裙房、门廊与入口大门等，调整了整体比例与尺度，加强了道路底景效果。

外景

主楼裙房及入口

大门一侧

163 漯河双汇集团大厦

外景

设计单位：河南省建筑设计研究院
建筑面积：1.6 hm²
建造时间：1998年

漯河双汇集团大厦16层的椭圆形主楼造型简洁洗练，墙面虚实对比强烈。裙房以连续拱作为立面主要元素，辅以传统线脚，材料采用花岗石贴面。

164 宝丰联通综合楼

外景

设计单位：河南省邮电设计院
建筑面积：9 360 m²
建造时间：1998年

宝丰联通综合楼框架结构15层，总高度 54.6 m，当时为宝丰第一高楼。立面结构采用改革开放早期常采用现代主义的经典横长窗格局。

165 新乡联通办公楼

设计单位：郑州大学综合设计研究院
建筑面积：7 400 m²
建造时间：1993年

新乡联通办公楼是一处沿街商场办公楼。3层作商业用房，上层为办公用房。在造型上通过竖直圆筒与水平墙面分隔的强烈对比以及虚实、色彩的处理，加强了道路转角的标志性。

外景

166 平顶山物资大厦

设计单位：河南省邮电设计院设计
占地面积：1.73 hm²
建筑面积：2.4 hm²
建造时间：1993年

平顶山物资大厦为框架剪力墙结构，部分内墙可调整，空间可自由分隔。建筑高度 74.96 m。楼顶悬挑圆形转盘瞭望层，强化了大厦的标志性。

外景

167 南阳行政公署

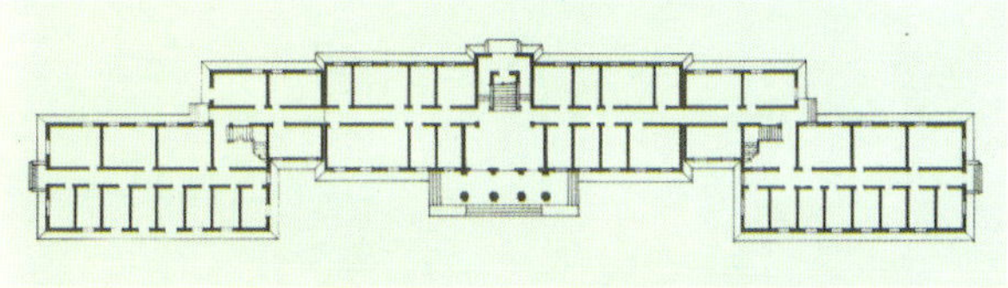

一层平面图

建造时间：1989年

南阳行政公署采用一字形传统三段式平面与外观造型，稳重而朴实，呈现出早期办公建筑的普遍特征。

主楼外景

168 平顶山供电公司大楼

设计单位：河南省邮电设计院设计

建筑面积：9 000 ㎡

建造时间：1992年

外景

169 驻马店市公安局报警指挥中心综合楼

建筑面积：8 890 m²
建造时间：1998年

全景

170 中国建设银行周口分行大厦

建造时间：1979年

位于周口市七一路西段。凸实组合构成了主题的造型，深色的裙房与淡色的上部形成了强烈的对比。

全景

171 中国建设银行驻马店大厦

中国建设银行驻马店大厦这一高层建筑横线条长宽统一的划分，免不了相互参照以至模仿，形成了一个时代文化的反映，但也有着设计水平、社会审美的差异。

全景

172 原郑州海关办公楼

设计单位：河南省建筑设计研究院
建筑面积：2 700 m²
建造时间：1986年

原郑州海关办公楼位于郑州市花园路中段，山墙正对花园路。高6层，裙房及入口舒展大方，主楼顶部的钟塔高高向上，衬托出主楼的挺拔。该建筑现已改作他用。

全景

173 安阳市质监局

全景

设计单位：郑州大学综合设计研究院

建筑面积：7 800 ㎡

建造时间：1999年

安阳市质监局大楼立面三段划分，强调了主次对比，竖线条分隔调整了高层的纵向比例，玻璃幕墙的适当运用，表达了一定的时代感。

174 中国银行安阳分行

全景

175 中国建设银行安阳分行

外景

176 中国农业银行安阳分行

外景

177 鹤壁市政府办公楼、第二综合楼

设计单位：鹤壁市建筑设计院
建筑面积：12 800 ㎡（办公楼）
6 500 ㎡（第二综合楼）
建造时间：1992年（办公楼）
1999年（第二综合楼）

鹤壁市政府办公楼位于淇滨大道中段，九层框架结构，是鹤壁市的标志性建筑之一。主要功能为办公，建筑摒弃了外表多余装饰，平面采用弧形围合，主体端庄开阔。

鹤壁市政府第二综合楼主体5层，正面采用通高柱，山花大台阶的仿西方古典风格。但比例尺度、细部不当，失却了古典韵味。

办公楼外景

第二综合楼外景

178 鹤壁市建设局与水务大楼

设计单位：鹤壁市建筑设计院
建筑面积：1.5 hm²
建造时间：1997年

鹤壁市建设局与水务大楼位于淇滨大道中段，由东西两部分组成，西楼（建设局办公大楼）为砖混结构，共5层，有办公用房100余间，有大、中、小会议室、活动中心等。建筑风格浑厚朴实、方正有型。东楼（水务大楼）为框架结构，高15层，其中地上14层，地下1层。建筑为风帆造型，设计理念新颖、造型富有时代感。东楼、西楼分别将两种风格，两种建筑理念巧妙地融为一体，自然和谐，是鹤壁市具有代表性的现代建筑之一。

全景

179 中国工商银行鹤壁分行

中国工商银行鹤壁分行建筑高6层，白色主体建筑搭配深蓝色玻璃幕墙，建筑形体干净利落，体现了简洁鲜明的现代风格。2至5层后半部分为办公区，前部为两层通高圆形大空间，两部分交界处为构架，光影效果较好。

设计单位：郑州工业大学综合设计研究院
鹤壁市建筑设计研究院

建筑面积：7 800 ㎡

建造时间：1994年

全景

大厅内景

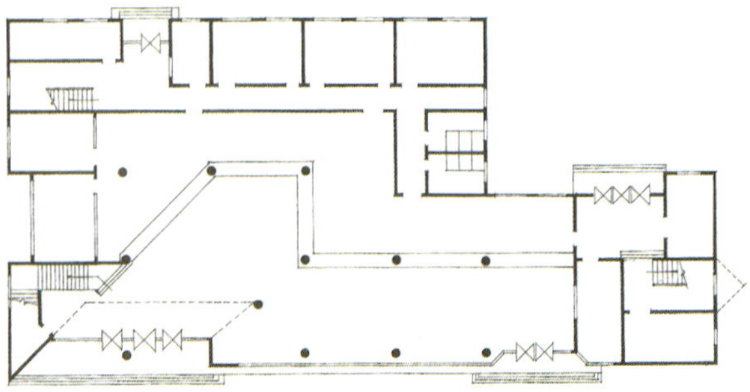

一层平面图

180 中共鹤壁市浚县县委办公楼

设计单位：浚县建筑设计室
建筑面积：3 300 ㎡
建造时间：1985年

中共鹤壁市浚县县委办公楼主体6层，附舒展的1层裙房，体型规整，以竖线条划分开间，虚实比例恰当，体现了当时办公建筑的质朴风貌。

外景

181 焦作市政府办公楼

外景

182 濮阳市政府办公楼

设计单位：濮阳市规划建筑设计研究院
建筑面积：1.74 hm²
建造时间：1990年

濮阳市政府办公楼位于濮阳市人民路东段，是濮阳首栋高层办公建筑，与广场四角的市建委办公楼、市水利局办公楼、市税务局办公楼，形成一个市行政中心区。政府办公楼处于中心地位，建筑呈对称布置，入口采用高台阶处理以取得庄严大方的效果。

外景

183 中共濮阳市委办公楼

设计单位：濮阳市规划建筑设计研究院
建筑面积：7 300 m²
建造时间：1987年

中共濮阳市委办公楼位于濮阳市人民路中段的中共濮阳市委、市政府办公大院内西侧，是建市之初较早建成的办公建筑之一。建筑立面采用三段式对称构图，庄重大方。两种窗与窗间墙的不同处理在单纯中求得了变化。

外景

184 濮阳市中级人民法院审判庭

设计单位：濮阳市规划建筑设计研究院
建筑面积：7 878 ㎡
建造时间：1991年

濮阳市中级人民法院审判庭是濮阳市政法办公区的重要组成部分，通过对称的立面构图和虚实对比取得大方、庄重的效果。根据使用要求，设大型审判庭一个，中型审判庭三个，小型审判庭若干，各功能用房平面组织合理，流线明晰。

外景

185 濮阳市交通局办公楼

设计单位：濮阳市规划建筑设计研究院
建筑面积：1.05 h㎡
建造时间：1999年

濮阳市交通局办公楼位于濮阳市黄河路与开州路的交叉口，设计运用水平横线条的伸展与延续性，将东、南两沿街主要立面融为一体，增强了建筑的体量感。转角处理打破常规，采用挺拔的独立片墙和水平横向的外伸雨棚，强化了独具个性的外观效果，给人以一定的视觉冲击。

外景

186 郑州二七商业圈建筑群

20世纪80年代围绕二七广场陆续新建的亚细亚商场，华联商厦，商城大厦，天然商厦四座大型商场，以及延伸至解放路、二七路沿路兴建的多座大型商场构成了全国著名的郑州二七商业圈，矗立在广场中心的建筑为二七纪念塔。二七广场是从郑州铁路旅客站通向行政区与郑东新区的必经之路，虽经多次规划调整、扩建，但广场的定位是纪念性、交通性，还是商业性，始终难以定论。从20世纪50年代至21世纪，二七广场的沿革、发展与繁荣是河南经济、城市发展的一个缩影。

二七广场全景

二七广场鸟瞰图（1990年）

187 郑州亚细亚商场

设计单位：核工业部第五设计研究院
建筑面积：2.4 hm²
建造时间：1989年

这是二七广场，同时也是郑州市首座中庭玻璃采光的大型商业建筑。

外景

188 郑州华联商厦

设计单位：郑州市建筑设计院
建筑面积：2.65 hm²
建造时间：1990年

郑州华联商厦位于二七广场西北侧，1988年兴建。主楼地上5层、地下1层，高 28.2 m；副楼10层，高 39. 4 m。主楼为营业厅，营业面积1.6hm²。外观采用大型蓝色玻璃幕墙，经多次外部装饰，修建环形高架人行廊道，面貌全改。

外景

189 郑州商城大厦

建筑面积：2.2 hm²

郑州商城大厦位于二七路与人民路交会处东北侧，1987年兴建，占地 3 900 m²。楼高 45 m，11层。1～4层为营业大厅，5层以上为宾馆。

外景

190 郑州天然商厦

建筑面积：2.2 hm²
建造时间：1989年

郑州天然商厦位于郑州市中心二七广场东侧，共5层（地下1层，地上4层，含夹层），中部设共享空间贯通。

外景

191 郑州百货大楼

设计单位：河南省建筑设计研究院
建筑面积：2 700 ㎡（初建）、6 680 ㎡（扩建）
建造时间：1955年（初建）、1996年（扩建）

郑州百货大楼位于二七路与太康路交叉处。早期楼高2层，由一办公楼改建，仅2 700 ㎡。1985年在旧址新建裙房为4层的百货商场，1996年再次改扩建，保留转角处原有的4层营业厅，向东扩建。地下两层，负1层为停车场，负2层为设备用房。1-6层为营业厅，7-22层为办公及服务用房，顶层设有旋转餐厅和观光电梯。设计制约条件多，用地紧张，人流、车流、货流、消防等交通组织有序，扩建后新老建筑衔接自然，外观造型线条流畅，浑然一体。

全景（1950年，早已拆除）

主入口与楼前广场（1950年）

新建全景（1990年）

192 郑州大塘水上餐厅

郑州大塘水上餐厅位于郑州市二七路100号，横跨于金水河上，为南方传统园林建筑风格。跨河长条状布局，共两层，两端入口分别采用了“十字脊”和“攒尖顶”。结合拦水坝蓄水，丰富了金水河的景观。经多次装修改观。

设计单位：郑州市建筑设计院

建筑面积：800 ㎡

建造时间：1971年

外景

改造后正立面

20世纪70年代外景

193 郑州格陵兰大酒店

设计单位：郑州市建筑设计院
建筑面积：4.91 hm²
建造时间：1987年

郑州格陵兰大酒店位于郑州火车站广场南侧，地下2层，地上35层，高 114.5 m，是当年河南省最高的标志性建筑。建筑体块的竖线分隔与多层次交错渐变的不对称处理和小尺度的细部装饰，形成与周围较低建筑以及广场空间的过渡与延续，减弱了对广场空间的压抑感。

外景

194 郑州二七路沿街商店

郑州二七路沿街商店自二七广场向北延伸至金水路的二七路段，由于街道南北走向，两侧店铺面向东西，因此立面上采用横竖方格法的遮阳处理，这成为20世纪70年代的一种“符号”。这些沿街商店店面的不断改造、扩建，成为郑州早期商业建筑发展的见证。

郑州彩色扩印中心

设计单位：河南省建筑设计研究院
建筑面积：2 391 ㎡
建造时间：1983年

郑州彩色扩印中心位于文化路，1、2、3层为营业厅，4、5层为仓库、办公用房。西立面采用横竖交叉的遮阳板构成格栅式的立面效果。

1980年外景

郑州友谊商店

设计单位：河南省建筑设计研究院
建筑面积：3 314 ㎡
建造时间：1983年

1980年外景

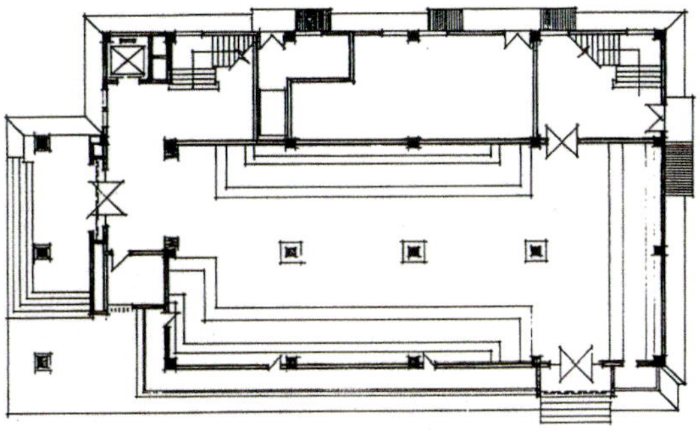

一层平面

入口局部

改建后外景

郑州农垦联营公司大楼

20世纪80年代外景

改造后立面

195 郑州东太康路街景

设计单位：郑州市建筑设计院
建筑面积：4.91 hm²
建造时间：1987年

二七路与东太康路交叉口向东至人民路转角，商铺林立，陆续新建的大上海城等，扩展了郑州二七广场商业圈。

外景

196 郑州丽晶大厦

设计单位：香港江底工程有限公司
建筑面积：4 192 m²
建造时间：1985年

郑州丽晶大厦位于郑州市金水路东段国际饭店东北侧，是郑州市第一座与港商合资经营的旅游建筑，补充了国际饭店功能上的不足。主体4层框架结构，底层为商场、快餐厅、电子游戏、弹子房；2层为中餐厅；3层为西餐厅、贵宾厅；4层为舞厅、厨房。

外景

197 郑州紫荆山百货大楼

设计单位：郑州市建筑设计院
建筑面积：1.7 hm²（一期）— 3.5 hm²（二期）
建造时间：1980年2月（一期）—1993年（二期）

郑州紫荆山百货大楼位于郑州市金水区紫荆山路1号，人民路、紫荆山路等5条干道的大转盘交叉口的三角地带。先期为4层营业大厅、5层办公、局部地下室，平面规整，东西两侧设剪刀式楼梯，南向沿金水河设宽大室外台阶直达二层营业大厅。它与省人民会堂、河南饭店等成为郑州继二七广场商业圈后的第二商业中心。

1993年进行扩建，除扩大各层营业厅外，设圆形塔楼，高20层，通体为玻璃幕墙装饰。裙楼5层，商业用房面积 1.8 hm²，塔楼办公面积 1.7 hm²。

北立面（20世纪80年代）

外景（20世纪80年代）

扩建后全景

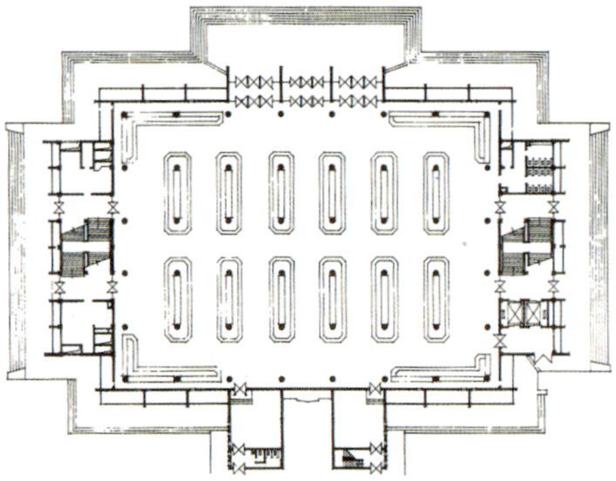
平面图（20世纪80年代）

198 郑州花园商厦

郑州花园商厦主体6层（地下1层）。北部主楼12层（裙房5层为商场，上部7层为办公和宾馆），南部10层为银行办公，南北 70 m，东西 46.4 m。外立面几经装修，旧貌荡然无存。

设计单位：郑州市建筑设计院
建筑面积：2.9 hm²
建造时间：1995年

全景

沿花园路立面局部

199 郑州金博大城

郑州金博大城位于郑州市二七路与太康路交叉口西南角，高 112 m，地上36层，地下3层。3幢枣红色塔楼简洁有力，裙房4层，宽敞的多边形中庭成为各层空间的中心。该楼群是郑州改革开放早期大型综合性商业建筑的代表作。

设计单位：中南建筑设计院
建筑面积：6.6 hm²
建造时间：1994年

立面局部

共享大厅内景（1）

全景

共享大厅内景（2）

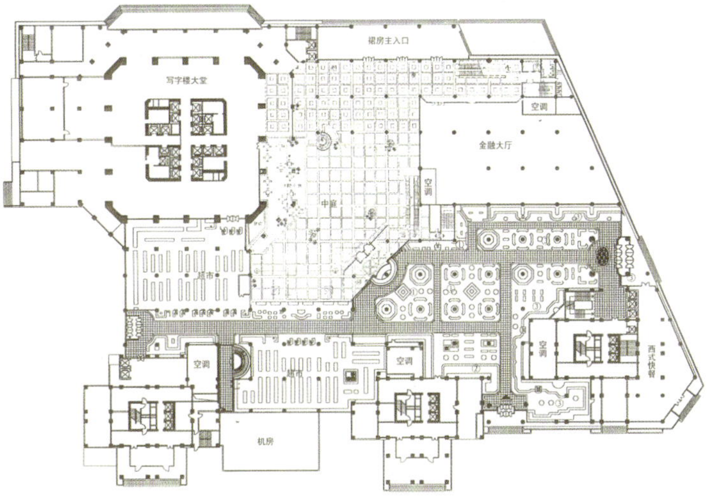

平面图

200 开封书店街

设计单位：河南省建筑设计研究院
占地面积：1.17 hm²
建造时间：1986年、2004年、2011年（三次改造）

开封书店街其历史可追溯到北宋。清乾隆年间，正式定名为书店街，是书肆及经营文房四宝的集中地。书店街店铺建筑青砖白缝、小瓦顶、飞檐挑角、坡顶花脊。新中国建立后很长一段时间，书店街是开封老城区唯一未曾大拆大建的老街。1986年、2004年和2011年，书店街进行了三次小改造。以“保持街道尺度与建筑原貌、退住为商”为原则，按清末民初建筑形式修复，间隔保留一些民国初期的形式。以大宋文化、古都历史和人文底蕴为主体背景，以书籍文化、书画文化、书房文化为主要内容，以品游、休闲、赏购、展示为基本功能。书店街全长620 m，宽19 m，南起鼓楼广场，北至东西大街，是开封具历史风貌的典型街道。

街景（1）

建筑外景（1）

建筑外景（2）

街景（2）

建筑局部

建筑浮雕

201 洛阳上海市场百货大楼

洛阳上海市场百货大楼早期采用传统百货商店的平面模式，柱网规整，岛式柜台布置，功能简朴，疏散合理。

设计单位：洛阳有色金属加工设计院
建筑面积：9 000 m²
建造时间：1981年

全景

内部一角

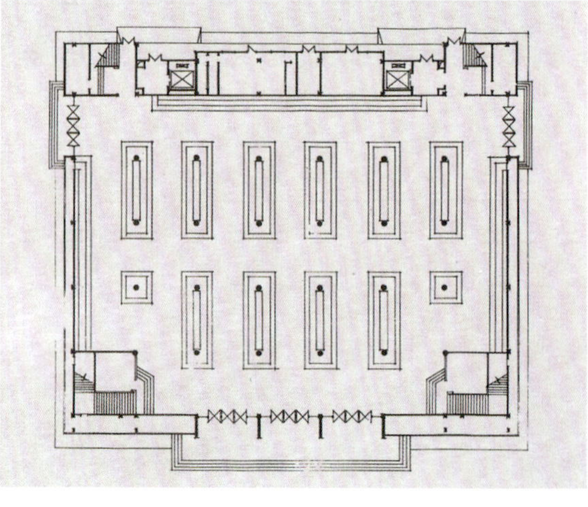

平面图

202 洛阳老城西大街历史街区

洛阳老城西大街位于洛阳东城中南部，西大街靠近南大街路口处。1994年，老城区历史街区初步建成，采用传统的盝顶为主的形式，高低错落，结合现代元素的商业街建设，反映了经济发展初期河南各中小城市的商业与建筑设计风格与水平。

街景（1）

街景（2）

街景（3）

203 三门峡百货大楼

设计单位：机械工程部第四设计院
建筑面积：2.4 hm²
建造时间：1995年

三门峡百货大楼地处黄河路中段，主楼12层，裙房4层；楼内设有自动扶梯、中央空调、防盗监控、自动喷淋及烟雾报警等全方位消防安全保障系统。

外景

204 许昌市百货大楼

设计单位：郑州工学院综合设计研究院
　　　　　许昌市建筑设计院
建筑面积：5 000 m²
建造时间：1986年

许昌市百货大楼是改革开放初期许昌首座大型传统百货商店，柱网楼梯布置合理，体型简洁。现经全部玻璃幕墙重新外装，反映了业主的时尚心态。

外景

205 许昌市莲花湾商场

建筑面积：4 000 ㎡

外景

206 许昌市天都商厦

设计单位：郑州工学院综合设计研究院
许昌市建筑设计院
建筑面积：1.1 hm²
建造时间：1991年

许昌市天都商厦位于许昌市南大街与环城河的转角地段。底层可灵活分割多户商业用房，南端上层为文娱康乐用房，立面处理以层层跌落及平面层层出挑加强了韵律感与东、西立面的统一性，造型舒展而富有韵律。

外景

207 漯河丹尼斯商场

外景

208 焦作贸易大厦

设计单位：郑州大学建筑系
　　　　　焦作市规划建筑设计院
建筑面积：8 000 ㎡
建造时间：1976年

焦作贸易大厦位于锐角形的道路交叉口，建筑采用三角形的柱网布局以及转台退台的处理，避免了对街道的压抑，丰富了街道的层次感。

外景

209 平顶山商场

建筑面积：7 800 ㎡
建造时间：1975年

平顶山商场是当时河南省十大零售商场之一，也是平顶山市开业最早的一家中型商场。

外景

210 安阳市百货大楼

安阳市百货大楼早期大楼的外墙被玻璃幕墙重新包装，是当时的一种追风，掩盖了朴实的原貌。

入口

外景（改装后）

211 安阳大厦

安阳大厦位于安阳铁路旅客站广场东侧的几幢点式商业办公大楼，围合了广场空间。高耸统一的横向长窗与体型是早期高层建筑的常用风格，虽简洁朴素，但难免单调。

全景

212 濮阳市百货大楼

设计单位：濮阳市规划建筑设计研究院

濮阳市百货大楼位于濮阳市中心地段，造型为现代风格，简洁大方，主体建筑白色，4层平顶，同时白色建筑主体搭配红色楼梯间突出空间，醒目而有亲和力。

外景

213 安阳市北大街商业步行街

安阳市北大街商业步行街位于安阳解放大道与红旗路交叉口北侧，1988年3月，安阳市政府决定对北大街实施改造。拆迁面积 1.8 hm²。改造后成为安阳最为繁华的商业步行街。

街景（1）

街景（2）

214 鹤壁市百货大楼

设计单位：鹤壁市建筑设计院

鹤壁市百货大楼多边形的长条玻璃窗组合的主立面，与上部圆窗，竖条分割的柱子，多了一些元素，少了一些商业建筑特征。

外景

215 新乡市平原商场

新乡市平原商场庞大的建筑体块，拥塞在基地环境中。早期建筑设计缺乏对于城市空间的关注，消弱了城市环境的整体性。

外景

216 河南医学院附属医院

河南医学院附属医院在上世纪50年代建成，是具有一定规模的综合性教学医院，包括转角处的弧形4层门诊楼，5层病房楼，日应诊3000人次，病床750张，直至20世纪末才拆除，在原地重建高层门诊及病房楼。

设计单位：河南省建筑设计研究院

全景

鸟瞰

病房楼

217 河南医科大学第三附属医院病房楼

设计单位：河南省建筑设计研究院

河南医科大学第三附属医院暨河南省妇幼保健院是1986年命名的集医疗、保健、教学、科研、培训和指导六位一体的河南唯一一家省级妇产儿童专科医院，承担着全省妇女儿童的医疗、保健以及妇产儿童专业技术人员的业务培训和技术指导任务，是联合国儿童基金会指定的中国大陆七大培训基地之一。老病房楼坐落于康复前街。

全景

218 河南省人民医院老干部病房楼

设计单位：河南省建筑设计研究院

建筑面积：9 946 ㎡（其中病房楼7 740 ㎡）

建造时间：1983年

该病房楼毗邻河南省人民医院新院区，并与之配套使用，由病房楼、门诊楼、营养厨房组成，病床143张，病房楼5层砖混结构，每层有病房30间，共150间病室。平面采用双走廊布局，南北两侧为病房，中部为医护人员值班室、就餐室等，缩短了护理路线。

外景

入口

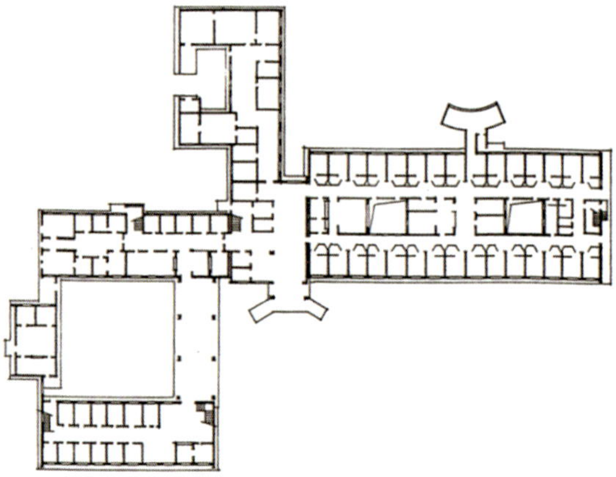

平面

219 濮阳市人民医院

设计单位：河南省规划设计研究院
濮阳市规划建筑设计研究院
建筑面积：3.77 hm²
建造时间：1991年

濮阳市人民医院位于濮阳市胜利西路与开州路交叉口东北角，由门诊、病房楼和急救中心等组成一个完整的建筑群体。功能完善，立面造型简洁大方，浅色面砖外墙贴面，南向为大面积庭院景观，视野开阔，使房间能够获得充足的日照，且通风良好。

外景

大厅内景

Selected Architecture in Central China *Building in the 20th Century*

220 郑州市儿童医院

建筑面积：3.4 h㎡
建造时间：1961年

郑州市儿童医院是河南省最大的综合性儿童医院，位于市区岗杜街251号，创建于1960年，原址在市区市民新村1号，1961年3月迁现址。建筑面积 3.4 h㎡，设病床310张，年住院8万余人次，年门诊量45万余人次，年观察室收治患儿5万余人次。

医院建院时原有建筑面积为 2 769 ㎡，1972—1979年新建病房楼 3 978 ㎡，1982年建门诊楼 2 890 ㎡。

全景

外景局部

外景局部

221 河南省人民医院病房楼

设计单位：河南省建筑设计研究院
建造时间：1955年

河南省人民医院病房楼是解放初期新建的，受当时设计思潮的影响，采用传统仿古形式。病房主楼采用歇山大屋顶，立面上的仿古装饰细部，几经扩建仅保留一部分。

外景

222 河南省军区医院

河南省军区医院位于金水路与经七路交叉口，是一所有着62年历史集医疗、科研、教学、保健为一体的综合性军区医院。

外景

223 河南省肿瘤医院

设计单位：河南省建筑设计研究院
占地面积：5.7 hm²
建筑面积：5.1 hm²
建造时间：1984年

河南省肿瘤医院是全省肿瘤防治中心，是以肿瘤研究为主的专科医院。医院总体布局采用半集中式。门诊楼前留有较大面积的广场。门诊楼平面为双“口”字型、内含两个庭院，以利于自然采光通风。病房楼、手术楼及科研楼连成一体，平面为“┏”形。病房楼前布置有绿化区，设有假山、水池、亭廊等。日门诊量为1200人次，共有300张病床。21世纪在原址拆旧建新楼。

旧楼外景

重建外景

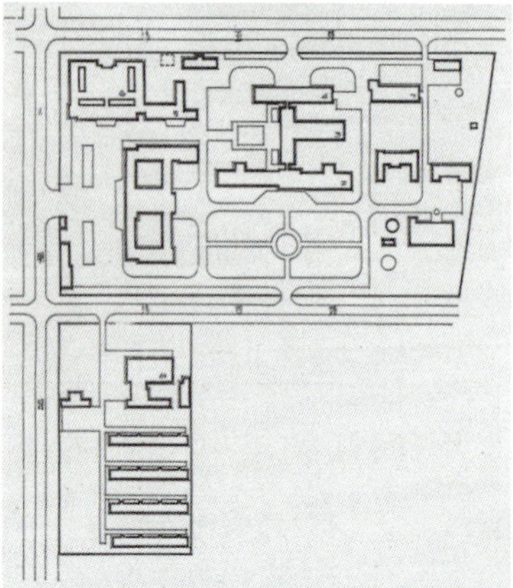

总平面图

224 河南省眼科研究所

设计单位：河南省建筑设计研究院
建筑面积：5 000 ㎡
建造时间：1994年

河南省眼科研究所位于郑州市纬五路，1962年正式成立，国内最早从事眼科研究的专业机构之一。创建伊始建成1 500 ㎡ 眼科所实验楼一座，90年代新建了眼科综合大楼，是河南省眼科专业的权威学术机构和综合研究中心，也是中国中部地区最大的眼科研究机构。

外景

225 开封工业医院

日门诊量为2000人，设有600张病床。

设计单位：开封市建筑设计院
占地面积：4.3 hm²
建筑面积：20 827 m²
建造时间：1975年

外景

病房楼外景

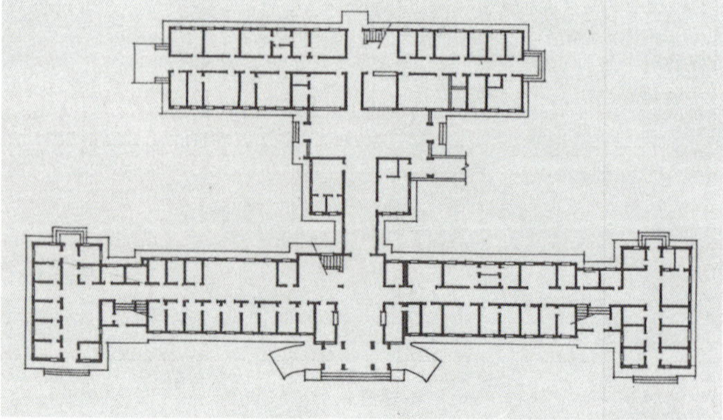

平面图

226 洛阳正骨医院

设计单位：机械部第四设计院
占地面积：1.83 hm²
建筑面积：17 300 m²
建造时间：1985年—1987年

洛阳正骨医院按500床的医院规模设计，主楼位于南区靠启明南路布置，整体呈“L”形。主楼设门诊部，放射科、手术部、住院部、检验科和中心供应。门诊楼后，住院部西侧为绿化庭园，为病人提供一个安静的室外休息活动场所。外立面采用了带中国传统符号的白墙配青色小坡顶，高低错落，色彩清新。

外景（1）

外景（2）

227 安阳肿瘤医院

日门诊量为1000人次，共有800张病床。

设计单位：安阳市建筑设计院

建筑面积：2.78 hm²

建造时间：1975年

重装后门诊主入口

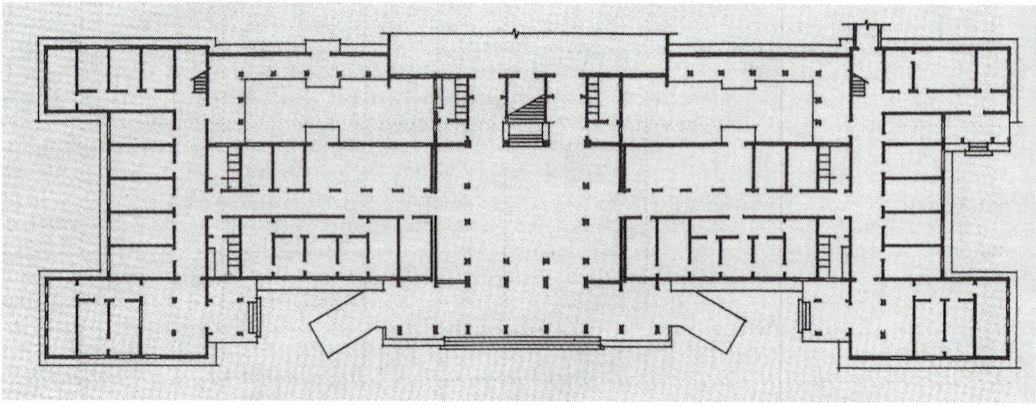

平面图

新病房楼外景（1）

新病房楼外景（2）

228 河南省体育馆

设计单位：中南工业建筑设计院
建筑面积：7 800 ㎡
建筑规模：5521座
建造时间：1965年—1967年

河南省体育馆位于郑州市文化路南段西侧，健康路南段东侧，为各项体育项目的训练、比赛及大型会议活动的场所。主体建筑平面呈圆形，直径 64 m（中央比赛大厅直径 37 m），高 25.55 m，屋盖为径向型钢筋与9道型钢环组成。屋盖中间部分有直径 11 m的气楼，高出屋面 3 m，铝板屋面。屋盖中间安装一个直径 30 m的圆形照明灯盘。看台下室内空间得到较好利用。建筑造型为圆柱体，采用弧线形屋顶，轻盈庄重且不失大气；二层以上的竖向长窗增大了采光面积并有良好的通风效果。

屋顶

室内

外景

鸟瞰

229 河南省体育场

设计单位：河南省建筑设计院
建筑面积：1.19 h㎡
建造时间：1956年初建
1984年扩建，1985年落成

河南省体育场曾经过多次改建，因场地周边用地局促，交通拥塞，该场已于20世纪90年代拆除，另建新场。

河南省体育场设 68 mX 104 m足球场，径赛9条 400 m跑道、和田赛助跑道均铺设聚氨酯塑胶面层。场内设自动喷淋器9个，体育场南端设电子记分牌，看台后部共设声柱30个。体育场可容纳观众28000人。

田径场看台

田径场

外景局部

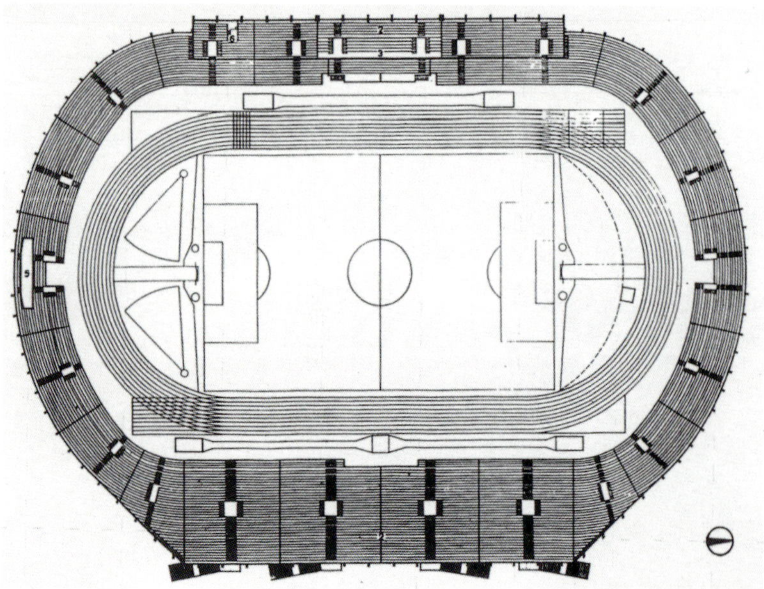

平面图

外景

练习室外景

230 河南省游泳池

设计单位：河南省建筑设计研究院
建筑面积：1 477 ㎡
建造时间：1973年

河南省游泳池为50 mX25 m游泳、跳水两用池。池内设十条泳道；跳水区水深 4.9 m，并设 1 m、3 m跳板及 7.5 m、10 m跳台。游泳池看台可容观众1800座。立面采用大片混凝土花格柱廊组成，造型新颖轻巧。后在东侧扩建室内游泳馆。

游泳池及看台

外景局部

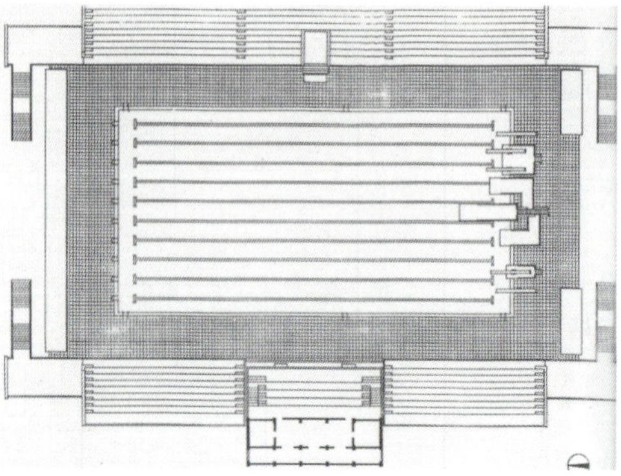

平面图

231 河南省自行车训练场

设计单位：山西省建筑设计院
占地面积：3.4 hm²
建筑面积：8 274 m²
建造时间：1985年

河南省自行车训练场是为迎接全国第一届青少年运动会而兴建的一项重点工程。工程主体系钢筋混凝土椭圆环形跑道，砖墙承重。为防止赛车时因离心力越出轨道，椭圆短轴至长轴的设计倾角为9.9° 逐渐向41.5° 变化，形成一个由缓和曲面到圆弧扇形曲面相连接而又连续变化的三维空间曲面的几何形体。跑道南面地下，设运动员入场通道和运动员休息室，跑道西侧设主席台和观众看台，可容纳4000多人。其赛车计算线偏差精度完全满足了设计要求。

外景

232 郑州体育馆

设计单位：郑州市建筑设计院
占地面积：2 368 ㎡
建筑面积：7 300 ㎡
建造时间：1985年

郑州体育馆位于人民路中段东侧，是为迎接1985年全国首届青少年运动会在郑州举行而兴建的一座现代化的中型综合性体育建筑。东西长 60 m，南北宽 50 m，设观众席3000个，观众厅为矩形平面，东西两侧设看台；比赛场地面积为24 m×24 m。

外景

观众厅内景

剖面图

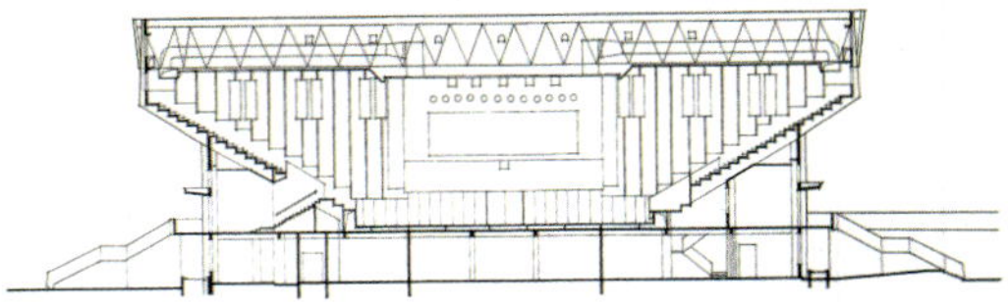

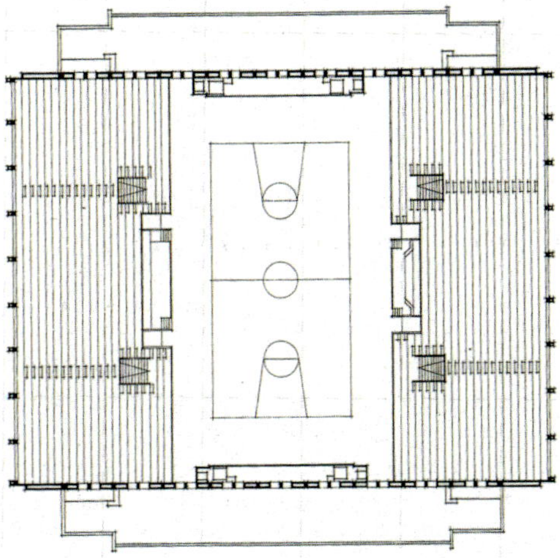

平面图

休息厅内景

233 登封少林武术馆

设计单位：郑州市建筑设计院
建设面积：7 200 ㎡
建造时间：1987年

位于登封少林寺东500 m，武术馆周围群峰环峙、环境幽雅。总平面依山就势采用三级台地：附属旅游营业性建筑（商店、办公接待、放映厅）在第一台地外围；主体建筑演武厅及露天演武场在第二台地，对称布局，中央体量主体突出，四周屋顶化整为零以呼应；生活、后勤建筑（国内外学员住宿、餐厅、生活服务）在第三台地，其主轴与一、二台地主轴偏转45°，取较自由布局。建筑为传统风格的继承并加变化，尽量采用小体量、民居化，避免压过嵩山风景区诸多古建，仅演武厅族群处理较为丰富壮观。总体风格追求朴实，加上与演武厅有关的铜雕、砖石雕、碑刻、唐三彩壁画等环境装饰，力求体现出少林武术“刚健有力，朴实无华”的性格。

全景

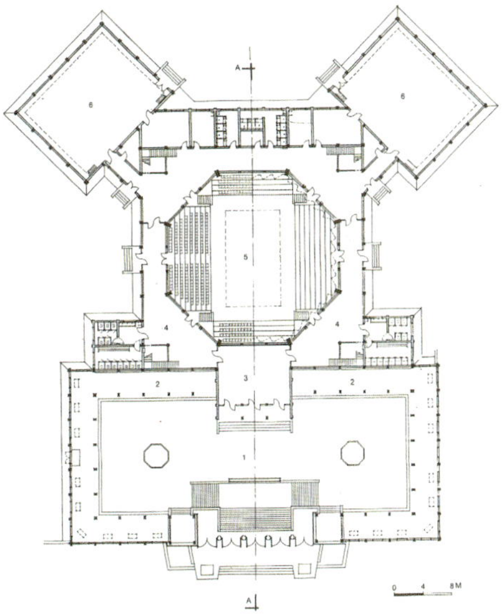

演武厅平面图

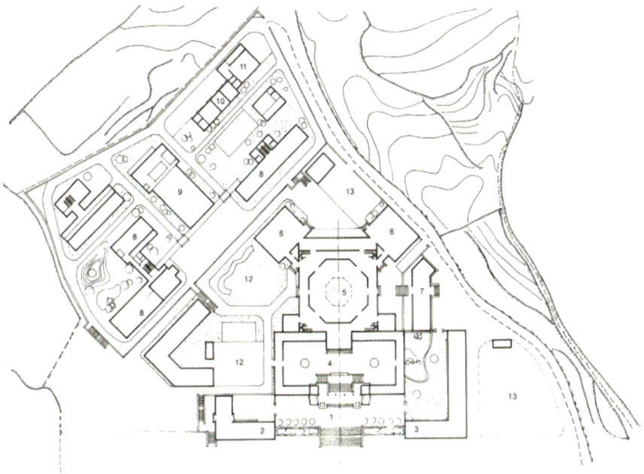

总平面图

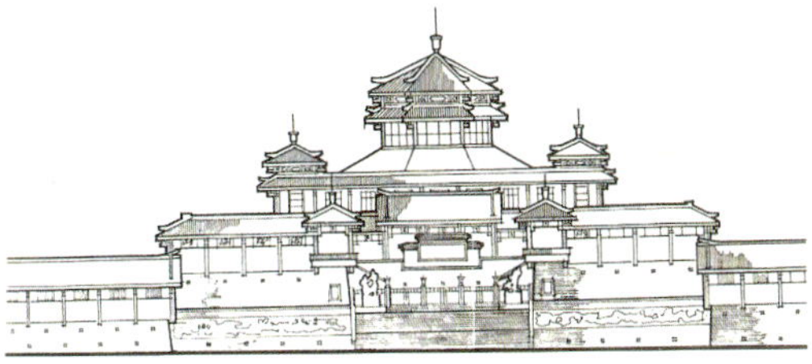

演武厅立面图

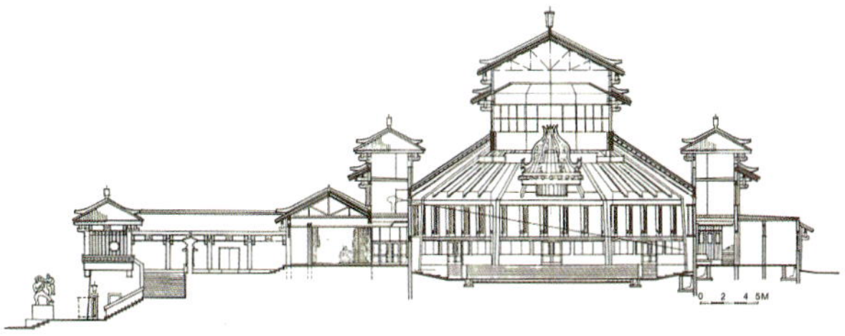

演武厅剖面图

院落

演武厅内景

院廊

234 平顶山体育村

设计单位：南阳市建筑设计院
占地面积：10 hm²
建设面积：7 200 m²
建造时间：1992年

平顶山体育村位于建设路东段，湛河之滨，是以体育运动为主，集食宿、游览、健身、娱乐为一体的综合体育活动中心和接待场所。主体建筑是一座建筑面积 2.93 hm²，占地 1.1 hm²，可容纳3万名观众，有国际标准塑胶跑道和足球场的体育场，辅助建筑有体育馆、保龄球馆，以及网球场、旱冰场地等设施。

全景鸟瞰

体育场内景

体育馆外景

235 漯河市体育中心

设计单位：漯河市建筑设计研究院
　　　　　郑州大学综合设计研究院
占地面积：28.9 hm²
建造时间：1998年

漯河市体育中心是漯河市规模庞大，功能齐全的体育重点工程项目。地处沙澧河畔的双龙文化区。体育中心始建于1998年，经总体规划调整，于21世纪初陆续兴建了体育馆、健身俱乐部、游泳馆等，配套设施逐步完善。该中心现已成为我省举办国内、国际比赛及训练的地市级体育场所。

外景（2）

总平面图

外景（1）

236 新乡市体育场

建筑面积：1.74 hm²

建造时间：1990年

鸟瞰

外景

237 焦作市体育馆

设观众席5700座。

内景

外景

238 郑州铁路旅客站

设计单位：中南建筑设计院（20世纪50年代）
　　铁道部第四勘察设计院（20世纪90年代）
建筑面积：4 hm²（20世纪90年代）
建造时间：1999年

郑州铁路旅客站地处我国铁路交通主动脉京广、陇海两线的交叉点，从初期的小窝棚站点，到20世纪50年代的当时全国规模最大的旅客站，后来再次重建，分三期建成。一期：1989—1992年；二期：建立售票厅、行包房等；三期：1997—1999年。

1904年站台外景

20世纪60年代鸟瞰

20世纪50年代站舍外景

全景

站前广场

239 郑州新郑航空港

设计单位：机械工业部第六设计研究院
美国TAMS
建筑面积：4.6 hm²
建造时间：1997年

航站楼平面以扭转45°的柱网，柱距8.4 m，采用多种空间网架拼组斜坡屋盖。二层适当抽柱以形成大空间，在人流组织上，集中办票，分散登机，国际、国内，进港、出港分层安排，互不干扰，行李、交运、安检、传送处理、提取自成系统，内部职工活动相对封闭。设计年旅客吞吐量380万人次，其中国际旅客80万人次，高峰每小时1900人次，站坪机位13个，八条登机廊道供旅客直接登机。21世纪对航站楼进行了扩建。

外景

停机坪

停车长廊

240 郑州汽车客运总站

设计单位：河南省交通规划勘测设计院
占地面积：7.33 hm^2
建筑面积：2.5 hm^2
建造时间：1992年

郑州汽车客运总站位于航海路南、京广路西，地处二环路主线，临近火车站，东接107国道，交通十分方便。站内停车场 1.5 hm^2，站前广场 5.4 hm^2。建筑主立面采用方形与半圆形母题互为映衬，虚实对比强烈，体现了交通建筑开敞、明朗的特征。

外景

241 郑州邮政通讯枢纽楼

设计单位：邮电部郑州设计院
基地面积：1 hm²
建筑面积：1.76 hm²
建造时间：1985年

郑州邮政通讯枢纽楼位于火车站南侧，是郑州邮政通信枢纽，是火车站广场大型建筑群中又一幢高楼。分南北两段，北段为9层，高 43.2 m；南段为4层，高 28 m。原立面为浅绿色玻璃马赛克贴面，符合当时“适用、经济、美观”的设计标准。21世纪初，整体采用玻璃幕墙重新包装。

外景(20世纪80年代)

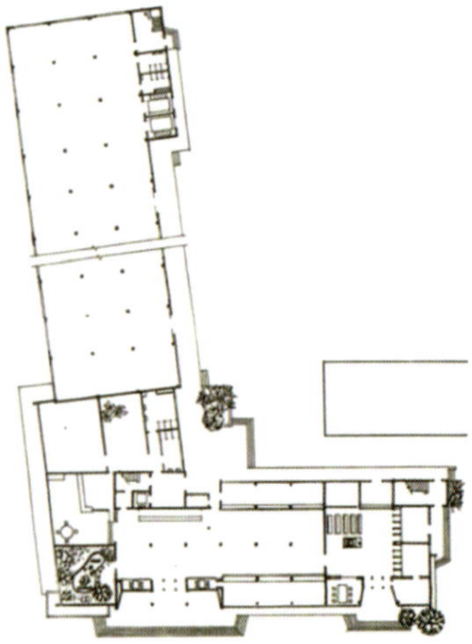
平面图

重装后外景

242 河南省电业局微波调度楼

设计单位：郑州工学院建筑系
合作单位：河南省电力设计院
基地面积：1 350 m²
建筑面积：1.36 hm²
建造时间：1982年

河南省电业局微波调度楼位于嵩山路中段绿城广场南侧，为全省电力调度中心，楼长 100 m，主楼高9层，至塔顶标高 87.4 m，中部为现浇钢筋混凝土结构，两侧为预制装配式结构，塔身、塔顶共4节，92吨。21世纪在楼南侧兴建180 m高的新电力调度楼。

20世纪60年代外景

243 郑州长途电信枢纽楼

设计单位：河南省建筑设计研究院
建筑面积：8 432 m²
建造时间：1976年

郑州长途电信枢纽楼，是河南省电信中心，内部装设现代有线长途电话和无线微波通信设备，室内环境和洁净度有较高要求。

建筑主体部分为通信机房，两侧为辅助生产用房，顶部设有多层微波天线平台。

外景

244 商丘铁路旅客站

设计单位：铁道部第四勘测设计院
占地面积：6 004 ㎡
建筑面积：5 156 ㎡
建造时间：1984年

商丘铁路旅客站站房为线侧平式结构，中部为候车主楼，围绕中部庭院，前部为广厅，后部为办公楼，两侧为候车室。2个候车大厅为钢网架结构，宽敞明亮，通风良好，可供1600人候车。售票厅设有33个售票窗口，可同时容纳700人购票，行包房1座，站台4座，风雨棚3座，到发线7条，地道2孔。

扩建后外景

外景

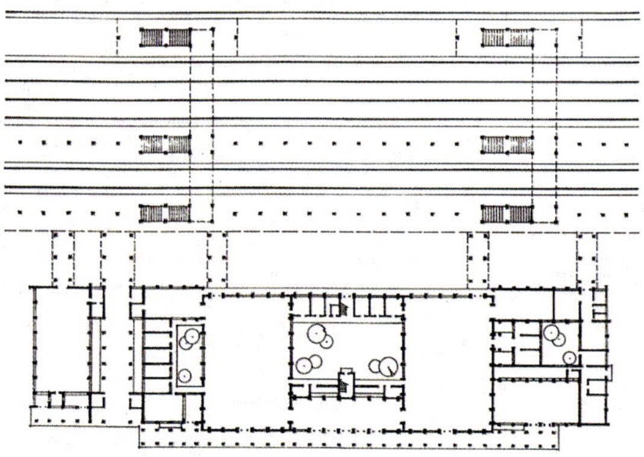

平面图

245 开封铁路旅客站

开封铁路旅客站为中型旅客站，旅客最高聚集人数为1500人。平面中部为候车部分，东翼为售票厅、西翼为行包房，进站口与出站口设于中部和两翼中间，办公部分设于建筑物两翼的2层以及中部临站台一侧。

设计单位：河南省建筑设计研究院
建筑面积：4 260 ㎡
建造时间：1978年

外景

全景

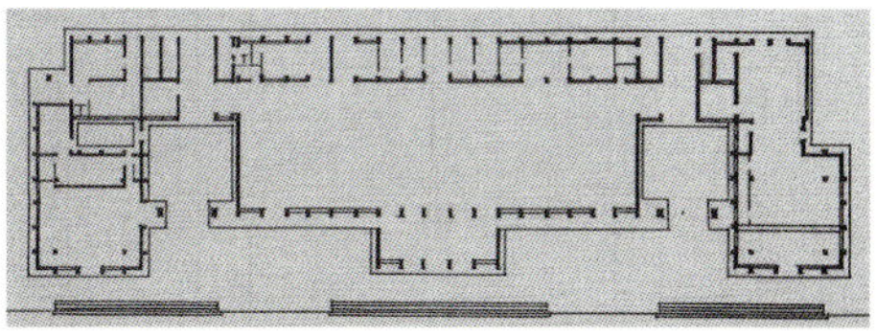
平面图

内景

246 开封公路段综合楼

开封公路段综合楼坐北朝南，面向新区主干道，采用封闭北廊布局，以分段折廊弧面处理打破立面的单调，高塔架与弧面处理突出了构图的重点。

设计单位：郑州大学综合设计研究院
建筑面积：4 400 ㎡
建造时间：1994年

外景

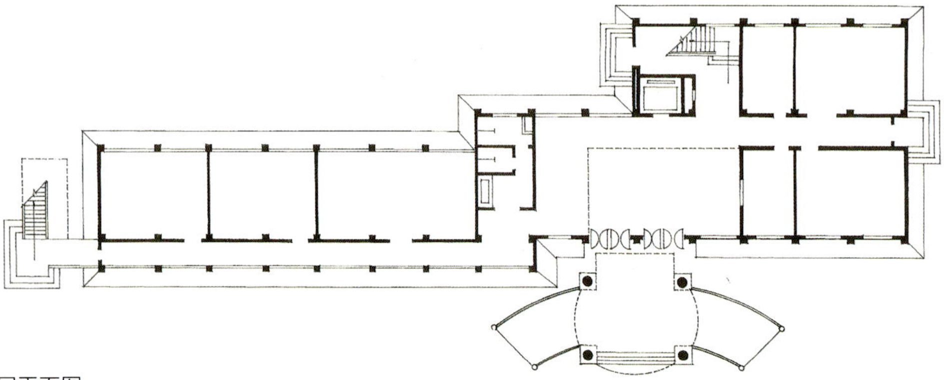
一层平面图

局部

247 洛阳铁路旅客站

设计单位：机械部第十设计院
占地面积：1.6 hm²
建筑面积：2.1 hm²
建造时间：1992年

主体设计2层、局部3层，檐高 22.6 m，全长 120 m，其中直接为旅客服务的设施共约 1.85 hm²，站前建有宽阔的广场和前站台。一座高 55 m的钟塔矗立在主站房的东南角，成为站房的标志。主站房建筑造型舒展、明快，具时代气息。现浇钢筋混凝土框架结构，外墙采用配有鲜兰色玻璃的铝合金幕墙。

鸟瞰

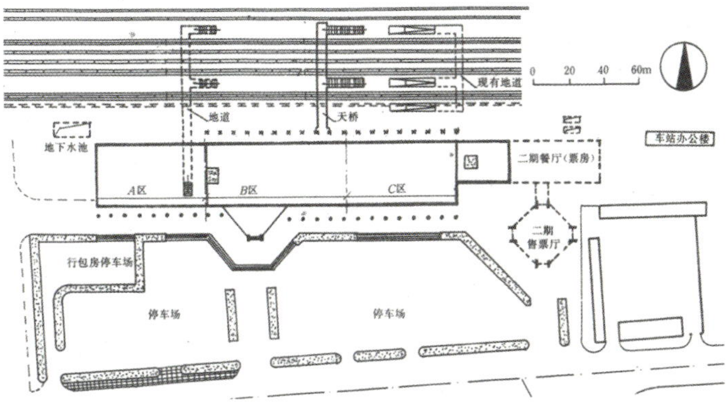

平面图

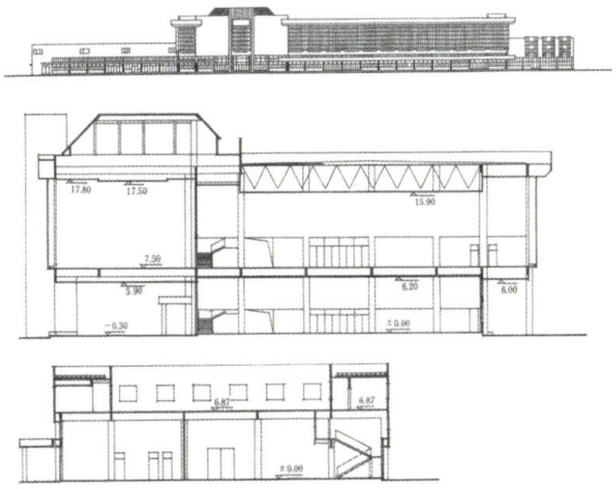

剖面图

248 三门峡铁路旅客站

三门峡铁路旅客站因地形条件设计建造，双侧坡道直接进入站前上层广场，平台下层设置商店，站房建于高台之上，居高临下，衬托站房的气势。

设计单位：郑州铁路局设计院
建筑面积：3 600 ㎡
建造时间：1960年始建、1999年改扩建

外景

全景

249 三门峡通信安全生产楼

设计单位：信息产业部邮电设计院
建筑面积：2.9 hm²
建造时间：2001年

三门峡通信安全生产楼位于三门峡市崤山西路与甘棠南路交叉口东南角。该工程主楼为地上22层（局部25层），地下3层。主楼高度为 99.5 m，航测灯顶高 138.25 m，楼长 49.2 m，楼宽 27.6 m。

全景

250 许昌铁路旅客站

建造时间：1905年—1988年
2000年（重建）

许昌铁路旅客站始建于1905年。自1988年至2000年期间分两个阶段先后对站场进行扩建改造，使站场设施进一步完善，车站面貌焕然一新。1988年5月，对站区老站场线路进行改造、扩容，站场线路由8股道增加为10股道，站内正线和到发线全部延长到1 050 m以上；1990年对站区进行电气化改造；1991年新建南货场；1994年新建旅客候车厅3 500 ㎡，扩建站前广场 1 h㎡，延长站内旅客地道 30 m，把地道口引到车站广场；2000年建成总长 422 m、宽 10 m的站台风雨棚。

全景

新建外景

站前广场

251 漯河铁路旅客站

设计单位：郑州铁路局勘测设计院
建筑面积：4 811 m²
建造时间：1989年

漯河铁路旅客站位于京广铁路中段，兴建于1902年初，由清政府湖广总督张之洞主持修建，当年12月底完工，1904年正式投入运营，至今漯河站已经历了两次重建，于1989年新建了 5 100 m²候车大厅和 15 000 m²的宽阔广场，还扩建了行包楼、售票大楼等。

外景(20世纪50年代)

新建外景

252 鹤壁电业局调度通讯楼

鹤壁电业局调度通讯楼位于淇滨区，北邻淇滨大道，坐北朝南，平面为矩形。地下1层，地上16层，楼高 68.4 m。灰色玻璃幕墙的线、面划分显示了高耸的比例关系，仿西洋古典式的山花门廊却又那么格格不入。

设计单位：机械工业部第六设计院
建筑面积：1.34 hm²
建造时间：2000年

全景

253 舞阳电信局

设计单位：郑州工学院综合设计研究院
建筑面积：6 300 m²
建造时间：1996年

舞阳电信局是10层高的办公主楼结合“Y”型的交叉平面，与2层高的营业大厅裙楼构成了街道的主景，弧线形的体、面，流畅而协调，表达了时代的特征。

外景

254 鹤壁电信大楼

设计单位：鹤壁市建筑设计研究院
建筑面积：3 876 m²
建造时间：1982年

鹤壁电信大楼主楼高5层，上置钟塔，体现了仿欧式的折中主义风格。建筑平屋顶，顶层挑檐深远，砖红色墙面装饰白色立体框架，造型简约，均衡稳定。内部装设长途载波和自动电话设备，在当时是比较先进的内部设施。

外景

255 信阳铁路旅客站

建造时间：1950年—1992年

信阳铁路旅客站在新中国成立后进行扩建和改造：1950年新建货场1处，占地面积 5 hm²；1951年重建客运站房 833 m²；1958年兴建上行场；1969年建成下行场。1956年至1980年间，增建5条货物线和8座货物仓库。1983年又在上行场南建新货场1处，占地面积 19.4 hm²；铺设货物装卸线5条，仓库3座。1990年为适应京广铁路郑武段电气化技术改造的需要，将原有客运站房全部撤除重建；同时增设站台雨棚；撤除旅客天桥，改建旅客地道。整个工程1992年完成，车站客运设施、旅客候车环境及站容站貌得到极大改善。

外景

站台（20世纪60年代）

256 安阳铁路旅客站

安阳铁路旅客站位于安阳市解放路西段，始建于1905年，日均客运量达1.2万余人，接发客车42对，1988年进行了站台重建。

设计单位：安阳市建筑设计院
建筑面积：2 796 ㎡
建造时间：1988年（重建）

外景

贵宾候车室

大厅内景

257 新乡铁路旅客站

设计单位：新乡市建筑勘察设计院
建筑面积：5 414 m²
建造时间：1987年（扩建）

新乡铁路旅客站位于宝山路中段南侧。1949年建候车室、行李房。1958年，站内股道增至6条，专用线增至5条。1987年扩建，占地 1.82 hm²。建筑采用水平延伸对称布局，立面采用绿色玻璃幕墙和大面积的土黄色实墙，形成强烈的虚实对比，呈现出交通建筑简洁明快与庄重的美，但铺天盖地的广告破坏了建筑的整体美，造成了视觉污染。

外景

258 焦作铁路旅客站

设计单位：焦作市建筑设计院
占地面积：2.52 hm²
建筑面积：4 739 m²
建造时间：1965年、1998年（改造）

焦作铁路旅客站位于焦作市解放区站前路，是连接京广、太焦、焦柳、侯月等多条铁路干线的交通枢纽站，是晋煤外运的主要通道。焦作站始建于1965年，经过1988年的改造，主站房建筑面积 4 019 m²，建筑地上4层，共设5条到发线，3个站台，年运量110余万人次。

外景

259 新乡长途汽车站

新乡长途汽车站宽大高敞的候车大厅辅以售票和行李房等低层长廊，体现了20世纪70年代长途汽车站的普遍造型特征。

设计单位：新乡市建筑勘察设计院

外景

候车室内景

260 郑州陵园

设计单位：河南省建筑设计研究院
基地面积：20 hm²
建筑面积：5 700 m²
建造时间：1977年

郑州陵园始建于1955年，1975年以前占地面积近 600 hm²。1985年，增建了革命先烈纪念碑，革命先烈事迹陈列厅（1 260 m²），骨灰堂，具现代风格方型的纪念亭“鸿昌亭”、“雪枫亭”、“靖宇亭”、“焕先亭”和陵园的办公、生活设施等。

骨灰堂外景

纪念碑外景

纪念亭

261 商丘淮海战役陈官庄烈士陵园

基地面积：13.21 hm²
建筑面积：5 156 m²
建造时间：1978年

商丘淮海战役陈官庄烈士陵园位于永城市东北25 km陈官庄村南，311国道北侧，为纪念淮海战役第三阶段陈官庄地区歼灭战中牺牲的烈士而建。该陵园坐北向南，正中为花岗岩烈士纪念碑，高25 m，上刻周恩来总理手书“淮海英雄永垂千古”八个大字。碑前为广场，碑后有烈士陈列馆和歼灭战纪念馆分列两侧，北部树荫下有烈士公墓和单人墓，墓周有周恩来、朱德、邓小平、刘伯承、陈毅等党和国家领导人的题词。

外景

烈士纪念碑全景

陈列馆外景

262 焦裕禄纪念园

基地面积：6.1 hm²
建造时间：1966年

焦裕禄纪念园（原焦裕禄烈士陵园）位于河南省开封市兰考县，2007年7月更名为焦裕禄纪念园。纪念园由革命烈士纪念碑、焦裕禄烈士墓、焦裕禄同志纪念馆和纪念园广场组成，呈中轴对称格局。纪念碑位于园南部中心，1993年5月建成。碑高 19.64 m。墓碑位于纪念碑北侧墓区最高处，由大理石雕砌而成，碑高 2.75 m，墓盖由汉白玉外镶。墓区广场 2 100 m²。松柏参天，庄严肃穆。现代化纪念馆（2 100 m²）位于墓区西侧，1994年4月建成。馆内分序厅、展览厅、贵宾室和放映厅等主要组成部分，展厅展示了焦裕禄同志全心全意为人民服务，鞠躬尽瘁平凡而伟大的光辉一生。

外景

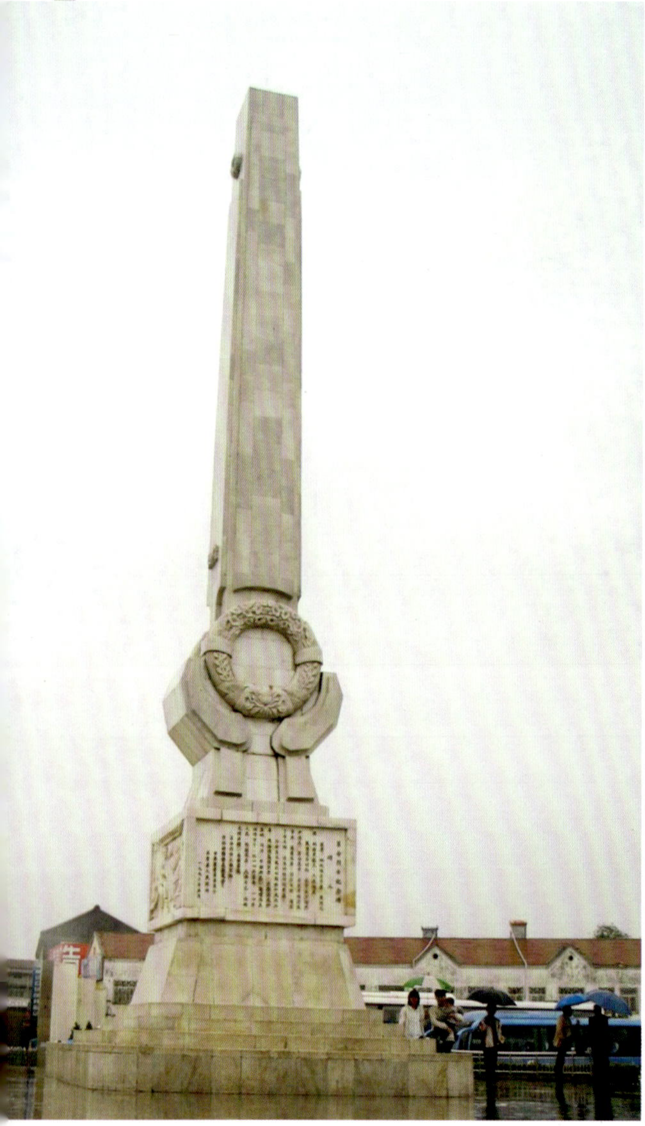

纪念碑

墓园

263 洛阳白居易墓园

设计单位：洛阳市园林规划设计院
基地面积：2.67 hm²
建筑面积：870 m²
设计时间：1982年
建造时间：1985年

洛阳白居易墓园位于伊河之东、香山北之琵琶峰顶，与西岸龙门石窟群遥遥相对，现为龙门景区的主要景点之一。墓园通过景观分区、游览主线以及纪念性建筑乐天堂、道时书屋、翠樾亭、诗廊等的配置，结合景观与游览功能，充分体现了“墓为其人，园为其人”的设计美学理念。

大门

诗廊

诗廊外景

Selected Architecture in Central China *Building in the 20th Century*

264 新县革命烈士纪念堂

建筑面积：约 300 ㎡

新县革命烈士纪念堂是鄂豫皖苏区首府烈士陵园的主要建筑之一，位于园内营盘岗上，呈正方形穹隆顶。正门上书“革命烈士纪念堂”七个大字。纪念堂正厅陈设有革命者照片40余幅和烈士名册及已故红军老战士的骨灰盒。正厅两边分别为革命事迹陈列室，陈列着鄂豫皖苏区革命英雄人物的事迹和遗物。

外景

265 济源市基督教堂

设计单位：深圳市城源建筑设计有限公司
建筑面积：2 646 ㎡
建造时间：1998年

济源市基督教堂位于济源市文昌北路中段，建筑6层，高度 19.2 m，能够同时容纳300名教众在此进行宗教活动。建筑造型尖拱门窗，浅橙色调，在山林的映衬下更加体现了浓厚的宗教氛围。

外景

266 中州宾馆

设计单位：建设部建筑设计院

建筑面积：1.06 hm²

建造时间：1960年

中州宾馆位于金水区金水路东段，宾馆原为4层，局部5层，平面呈“丁”字形。外墙贴米黄色面砖，部分线脚为白色斩假石，简洁明快。21世纪初，经扩建、外部装修，内部进行调整，但基本保留原有风格。

全景

主入口

鸟瞰（1960年代）

外景

267 郑州国际饭店

设计单位：河南省建筑设计研究院
建筑面积：2.02 h㎡
建造时间：1978年
建造时间：1981年

郑州国际饭店高 55.67 m，共14层，有客房264间、506个床位。限于当时严格控制的造价，该饭店设计在客房与公共面积、门厅层高等多方面采取了多项措施，做到了实用、经济、舒适，造型朴素大方，成为当时金水路上的新地标。

全景

268 索菲特国际饭店

索菲特国际饭店位于郑州市城东路、近金水大道交会处，楼西侧裙房为入口广场，主楼高20层，主体中部采用灰绿色玻璃幕墙与两侧铝塑板墙面相结合，造型简洁、色彩淡雅。

建筑面积：3 hm²

建造时间：1999年

南向外景

西向外景

269 广州大酒店

设计单位：机械工业部第四设计研究院

建筑面积：1.7 hm²

建造时间：1990年

广州大酒店位于郑州市北二七路北端，毗邻人民公园和金水河，主楼17层，高 60 m。建筑面向主要干道采用弧形造型和圆窗，与金水河的流动韵律产生呼应，成为20世纪90年代北二七路上的标志性建筑之一。

外景

270 郑州二七宾馆

郑州二七宾馆位于郑州市二七广场西南侧，距二七纪念塔 46 m，两者相互映衬。主楼8层，高 26.3 m，功能齐全，配套设施完善，外观简朴。后经多次扩建及装修。

设计单位：郑州市建筑设计院

建筑面积：2.1 hm²

建造时间：1975年

外景

新装修后外景

271 黄河迎宾馆

设计单位：河南省建筑设计研究院
基地面积：80 hm²
建造时间：1962年

黄河迎宾馆原为中共河南省委第三招待所，始建于1959年，是当时的政治接待中心，馆内绿树成荫、景色宜人。共有接待建筑11幢（其中8幢为别墅），小型别墅式建筑风格多样。其中8号楼1962年建成，20世纪60年代初，中央一次会议期间，毛主席曾下榻于此。9号楼为大型招待所建筑。

8号楼外景

8号楼局部

会议中心外景

9号楼外景

272 河南宾馆

河南宾馆主楼坐北朝南，主体为砖混结构，梁架为木结构，采用中国传统建筑元素如歇山屋顶，雕梁画栋，勾栏纹饰，是目前郑州为数不多的保留较为完好的建国初期宾馆类建筑之一。

设计单位：河南省建筑设计研究院
基地面积：2.5 hm²
建筑面积：2.2 hm²
建造时间：1954年

外景

局部

273 郑州黄河饭店

郑州黄河饭店位于郑州市中原路，地下1层，地上12层，总高度 42 m。立面采用横向线条分割，简洁明快，门厅、配楼多次扩建装修，但主楼基本风格未变。

设计单位：郑州工学院建筑系
建筑面积：1.2 hm²
建造时间：1985年

全景

重装后外景

274 南阳梅溪宾馆

南阳梅溪宾馆位于中州路307号，有客房楼三幢，客房300多间，总床位700余张，大、中、小各型会议室、多功能厅相配套，服务功能齐全。

设计单位：南阳市建筑设计研究院
占地面积：2.5 hm²
建筑面积：2.5 hm²
建造时间：1990年

外景

275 山河宾馆

设计单位：郑州工学院建筑系
河南省城乡建筑设计院
建筑面积：1.49 hm²
建造时间：1985年

山河宾馆位于狭长的转角地段，在总体上将餐饮、对外商店推向东侧以留出前后院，前院供停车回旋，后院为服务及扩建用地。标准层采用双廊形式，缩短了面宽，保证了客房的数量。平面紧凑，功能合理，南立面以偏向一侧的凹廊与凸窗，调整了墙面比例，加强了高耸感。经扩建加层后，改变了原有建筑风貌。

外景

重装后外景

276 中原大厦

设计单位：郑州市建筑设计院
建筑面积：1.83 hm²
建造时间：1977年

中原大厦坐落于郑州火车站对面，高 61.8 m，是我省20世纪70年代第一座高层建筑，地下1层，地上18层，360间普通客房。平面呈“T”型，与两侧配楼（郑州长途汽车总站）形成郑州交通枢纽中心。

外景

全景

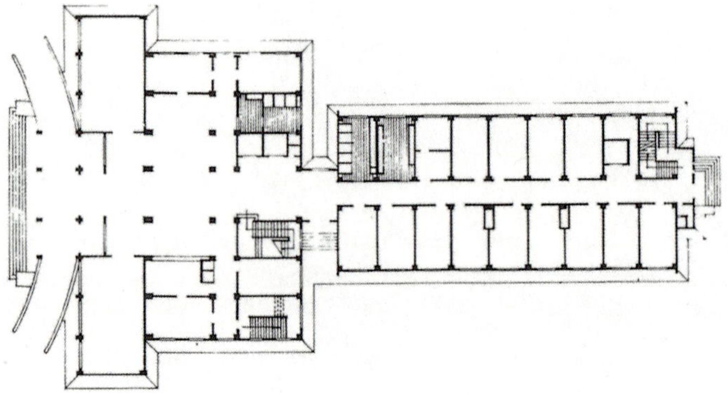
平面图

277 郑州市嵩山饭店

郑州市嵩山饭店位于市伊河路156号，1号楼始建于1963年，后经20余年的陆续扩建，分散的布局，装修的变更，风格迥异，难免造成统一感的缺失。

设计单位：郑州市建筑设计院
占地面积：5.67 hm²
建筑面积：5 hm²
建造时间：1963年—1986年

外景

大厅内景

局部

278 郑州裕达国贸大厦

郑州裕达国贸大厦地下2层，地上45层，高 199 m，外部造型为双塔，形似双手合十状，为当时中原地区具有标志性的最高建筑。

设计单位：李祖原设计事务所（台）
核工业第五设计研究院
占地面积：1.5 hm²
建筑面积：16 hm²
建造时间：1999年

大厅内景

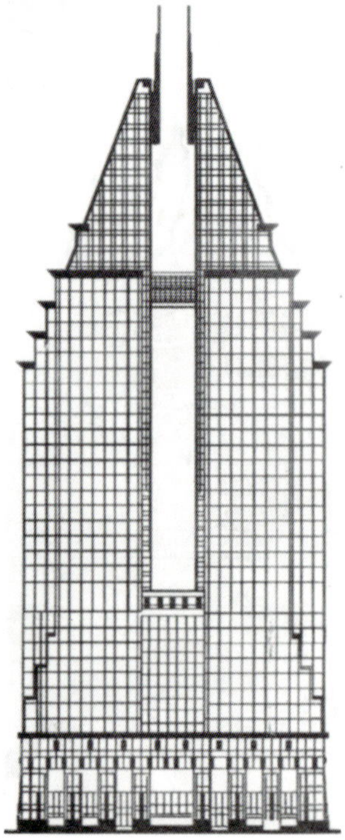

立面图

塔楼顶部

大厅围廊

外景

279 郑州金桥宾馆

设计单位：河南省建筑设计研究院
建筑面积：1.4 hm²
建造时间：1986年

郑州金桥宾馆位于郑州市金水西路北侧，主楼高16层，65 m，占地 1.33 hm²，拥有豪华客房169套，共有392个床位。有一个容纳300人的多功能国际会议厅及9个中、小型会议厅。

20世纪80年代外景

280 开来大厦

设计单位：河南豫建设计院
建筑面积：4.05 hm²
建造时间：1996年

开来大厦是集办公、培训、接待、公寓式写字楼为一体的综合性大楼。南北两座12层与18层体型相异的大楼，由弧形裙房相联。北座沿丰产路设对外税收服务大厅，南座为多边形的公寓式客房以及培训、康乐、餐饮等用房。

外景

入口

281 登封宾馆

登封宾馆总体布局是四合院式客房围绕水池的单元组合，配以餐厅及接待楼。深绿色盝顶。体现了现代功能与传统建筑布局的完美结合。

设计单位：郑州工学院建筑系
建造时间：1980年代初

外景

内景

282 郑州战友宾馆

设计单位：郑州工学院综合设计研究院
建筑面积：1.1 hm²
建造时间：1991年

郑州战友宾馆基地仅 35 x 25 m，共14层，规划要求南向退红线 5 m，两侧紧靠城市道路。功能要求设餐饮部、客房、培训教室以及多功能厅等。造型上采用方形格网处理，并设置空调机窗格以避免外观的凌乱。

外景

283 开封东苑大酒店（物资大厦）

设计单位：郑州大学综合设计研究院
建造时间：1992年

全景

284 东京大饭店

设计单位：河南省建筑设计研究院

东京大饭店位于开封古城西南角，南依古城墙，北临包公湖，位置优越，交通便捷。饭店共拥有客房206间，其中16套套房、12个3人间，还有贵宾会议厅、会议室5个。

全景

内庭院

入口

285 河南省地方税务局培训中心

设计单位：河南省建筑设计研究院

河南省地方税务局培训中心基地主出入口朝西，采取四合院布局，使教学、行政等用房获得良好朝向，断绕的琉璃瓦房顶高低错落，色彩清新、淡雅。

外景

庭院

286 洛阳璇宫大厦

洛阳旋宫大厦主楼24层，高 74.2 m，除下层裙房设大厅、餐厅外，上层客房、顶层设旋转餐厅。

设计单位：机械部第四设计院
建筑面积：2.12 hm²
设计时间：1985年
建造时间：1987年

外景

287 洛阳牡丹大酒店

设计单位：广州珠江外资建筑设计院设计
建筑面积：1.5 hm²
建造时间：1990年

洛阳牡丹大酒店位于洛阳市商业、交通中心地带的中州西路。共18层（含地下1层），拥有标准间、商务间、豪华套房共165间。会议中心是举行学术研究、商务会议的理想场所；中、西餐厅可容纳400名宾客同时就餐；咖啡厅、酒吧、健身房、桑拿浴、茶室等娱乐设施齐全。

全景

288 洛神大酒店

设计单位：郑州大学综合设计研究院
建筑面积：1.5 hm²
建造时间：1993年

外景

289 洛阳友谊宾馆

洛阳友谊宾馆为矩形标准层带2层裙楼的14层高层板式建筑，高 40 m。客房168间（320床）。柱网规整，功能分区明确，平面布局紧凑，标准适当，呈现早期宾馆朴实无华的风格。

设计单位：机械工业部第四设计院
建筑面积：1.52 hm²
建造时间：1984年

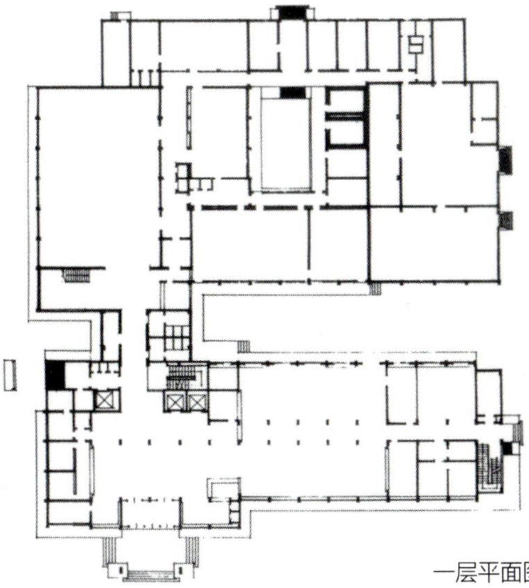

一层平面图

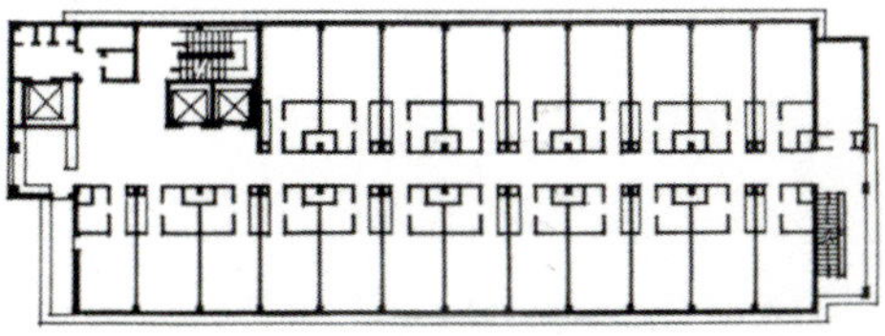

标准层平面

20世纪80年代外景

新友谊宾馆外景

290 三门峡黄金大酒店

设计单位：三门峡市建筑设计院
建筑面积：1 hm²
建造时间：1994年

三门峡黄金大酒店位于三门峡市崤山路中段。主楼18层，高60 m，拥有各类客房，还有中餐厅、宴会厅和19个豪华雅间；设有大小会议室4个。

外景

291 三门峡黄河大厦

设计单位：机械工程部第四设计院
建筑面积：8 000 m²
建造时间：1998年

三门峡黄河大厦位于三门峡市区，主楼10层，是集客房、餐饮、会议、休闲、娱乐于一体的综合性酒店。

外景

292 三门峡明珠宾馆

设计单位：三门峡市建筑设计院
建筑面积：1.6 hm²
建造时间：1996年

三门峡明珠宾馆位于三门峡市六峰路与崤山路交叉口东北角，地上13层，地下1层，框架结构，外观采用玻璃幕墙，简洁明快，新颖大方。该大楼拥有各类客房145间（套），13楼设有VIP会议室2个、报告厅1个、中型会议室1个，多功能会议厅1个。商务写字间50套，中、西式餐厅4个。以档次高、设备新、类型多、功能齐全著称。

外景

293 紫金宫国际大酒店

设计单位：核工业部第五设计院
　　　　　中国建筑西北设计研究院
建筑面积：3.58 hm²
建造时间：1997年

紫金宫国际大酒店位于灵宝市涧东新区函谷大道中段与长安路中段交汇处，占地 6.67 hm²，主楼形如圆柱状，通体用绿色玻璃封闭。主楼地上26层，地下2层，高 128 m，是该市的最高建筑。1998年5月正式营业，是该市独具行业特色的地标建筑。

全景

294 禹州宾馆

设计单位：郑州工学院建筑系
建筑面积：3 965 m²
建造时间：1979年

禹州宾馆是一座县市级涉外宾馆，低层大空间的门厅、接待、休息、餐厅与主楼4层客房通过连廊、小庭院结合成整体，着意安排内部空间的序列与景点，注意建筑与小庭院室内、外空间的隔与透，运用传统手法，显示地方特色，加深人们的第一印象。

全景

外景

295 漯河火车站旅馆群

设计单位：郑州工学院土建系设计室
河南省豫建设计院
建筑面积：1.1 hm²（A座）
建造时间：1986年

漯河火车站旅馆群的3座宾馆由3家投资单位，在统一规划下建造，虽在功能、标准上要求不同，但在外部造型上以转角阳台和高耸楼梯间斜坡顶的统一、裙房的连续拱廊与商店楼梯间的重复安排取得在广场空间观瞻上的节奏感。后经装修，一改原有简洁风格。

全景

重装后全景

296 南阳金凯悦东方酒店

设计单位：广东国厦建筑设计院
建筑面积：2.67 hm²
建造时间：1999年

南阳金凯悦东方酒店外观造型独特，设计经典，具有浓厚的东方韵味，主体为金黄色玻璃幕墙，内部按照欧洲风格设计，浪漫温馨。酒店功能完备，就餐座位有800多个，酒店拥有总统套间、标准间等248间客房，能接待600人住宿；酒店还有会议中心、购物商场、花店、KTV、按摩中心、健身房、网球场等。25楼的空中花园可以鸟瞰南阳风光。

外景

297 平顶山神马大酒店

建筑面积：2.67 hm²

建造时间：1999年

平顶山神马大酒店建筑风格为仿欧式，拥有各类套房、标准间及单人间共216间，餐位420个，以及中、西餐厅和其它服务设施，是平顶山市第一家涉外四星级饭店。

外景

298 平顶山湛河大酒店

建造时间：1991年

平顶山湛河大酒店位于中兴路湛河桥南，地处湛河风景区，远眺可见青青群山，俯视可赏湛河美景；酒店现有客房84间，设有大中小会议厅及餐厅，设施较齐全。

外景

299 平顶山饭店

设计单位：广东国厦建筑设计院
建筑面积：2.67 hm²
建造时间：1999年

平顶山饭店位于建设路迎宾大道中段，是平顶山市迎宾大道上的一个标志性建筑，楼高8层，客房320间，后进行重新装修。

全景

300 驻马店市建苑大酒店

建筑面积：1.35 hm²
建造时间：1997年
建造时间：1999年

驻马店建苑大酒店地下1层，地上13层，高 49.2 m。平面布置合理，功能分区明确，造型简洁实用，经济美观，现代感强。主楼通过悬挑弧形墙体、白色面砖墙面及灰色面砖色带相互交错处理，达到线条流畅、舒展大气的整体效果。裙房采用圆形入口、横向带窗、主楼顶部悬挑及弧形房间体块造型，重点突出，主次分明。

外景

301 安阳市太行宾馆

设计单位：安阳市建筑设计院
建筑规模：6 800 m²
建造时间：1974年—1978年

安阳市太行宾馆位于灯塔路东段，始建于1974年，1978年建成主体工程。设客房130间，床位300个。宾馆采用简单的方形体块穿插组合形成不对称布局，建筑立面檐口外挑，形成丰富的光影关系。副楼方形体块穿插于主楼脚部，与主楼形成对比。建筑入口位于2层，突出了主要入口。

外景

302 安阳市相州宾馆

设计单位：安阳市建筑设计院
建筑面积：1.75 hm²
建造时间：1975年

安阳市相州宾馆位于安阳彰德路与解放大道交叉口东南角，初为安阳饭店，后改为相州宾馆，共有客房356间，床位1100张，还有可同时容纳1100人就餐的餐厅以及会议室、浴室等服务设施。主体两端双塔连廊，西南两翼舒展大方，转角两层接待大厅。是安阳近代标志性建筑之一。

外景

303 鹤壁东方国际酒店

设计单位：鹤壁市建筑设计院
占地面积：2.67 hm²
建筑面积：1.2 hm²
建造时间：1998年

鹤壁东方国际酒店位于鹤壁新区淇滨大道140号，整个建筑群高5层，共有客房73间。建筑分区明确、功能合理，建筑立面造型简洁，在反应时代特色的同时，吸收传统民族建筑造型特点，在屋顶、檐口、色彩等细部处理上体现出中西合璧的建筑特点。

外景

外景

大厅内景

304 鹤壁迎宾馆

设计单位：林州建筑公司鹤壁合友分公司
郑州市建筑设计院
建筑面积：2 790 ㎡
建造时间：1992年

鹤壁迎宾馆位于鹤煤大道中段，欧式风格，集餐饮、住宿、商务、度假、会议功能于一体，淇河支流蜿蜒从院内流过，生态型庭院，环境优美。

外景

305 濮阳宾馆

设计单位：濮阳市规划建筑设计院
建筑面积：4.33 h㎡
建造时间：1986年

濮阳宾馆位于濮阳市区建设路中段路南，园林式建筑格局。包括客房260间，会议室20余个，其中最大的国际会议厅面积 550 ㎡。宾馆内部设有苏州园林式庭院，环境宜人。

外景

306 新乡国际饭店

设计单位：新乡市建筑设计院
占地面积：6 hm²
建造时间：1978年

新乡国际饭店位于新乡市中心地段，北临城市中心广场，有客房291间，床位508张，宴会厅2个，餐位1000余个，是集住宿、会议、旅游、商务为一体的多功能综合性现代化园林式酒店。主楼呈不对称布局，与配楼围合成前院，前院为绿化区及停车区，主体中部攒尖顶与旁侧盝顶部分相呼应，但细部欠统一。

外景

入口

307 焦作市腾飞大厦

焦作市腾飞大厦建筑主体18层，裙房5层。建筑整体气势宏伟，具有西方建筑特点。顶部置方形锥体，体现浪漫主义风格。主体立面采用竖向线条，整齐而有韵律。整个建筑构图完整，简洁有力。

设计单位：焦作市规划建筑设计院

建筑面积：2.25 hm²

建造时间：1988年

全景

内景

外景

308 焦作月季花园酒店

焦作月季花园酒店由迎宾楼与贵宾楼组成，采用内庭院多层布局方式，设有客房百余间，大小餐厅、会议厅等。大厅、休息厅、庭院等公共部分的装修力图体现月季文化主题。

建筑面积：2.46 hm²

建造时间：1994年

外景

大厅内景

大厅

庭院内景

309 郑州人民路回民住宅拆迁安置楼

设计单位：河南省建筑设计研究院
建筑面积：9 700 ㎡
建造时间：1987年

郑州市人民路回民住宅拆迁安置楼位于人民路南段，二七塔东北侧。高6层，局部7层，底层为框架结构，上部各层为砖混结构，并采用象征伊斯兰民族特征的符号、细部及穹窿顶部，驼色涂料外粉，全长 210 m，是当时郑州最长的住宅楼建筑。

街景

20世纪80年代全景

塔楼

310 郑州市台胞小区

郑州市台胞小区位于郑州市航海路与京广路交叉口，共有住宅1500套，其中高级住宅500幢。

占地面积：15 hm²
建筑面积：8 hm²
建造时间：1996年

多层住宅

联排住宅

311 郑州下坡杨农民住宅

设计单位：郑州工学院建筑系
建筑面积：2 hm²
建造时间：1978年

20世纪70年代随着乡镇企业发展，下坡杨村集体经济实力雄厚，开始在统一规划下进行新村建设，以两户作为一个单元的两层联排式住宅，扩大了进深，节约了用地。宅前两户设一小庭院，每户单独后院以适应农村生活要求。

联排住宅外景

鸟瞰

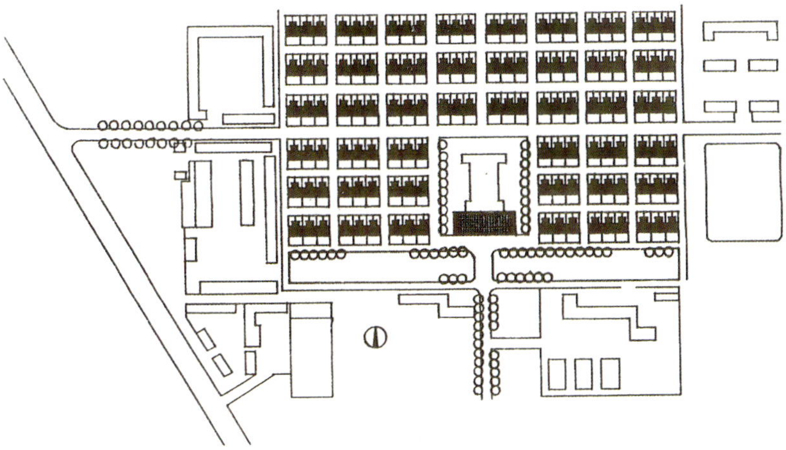

总平面图

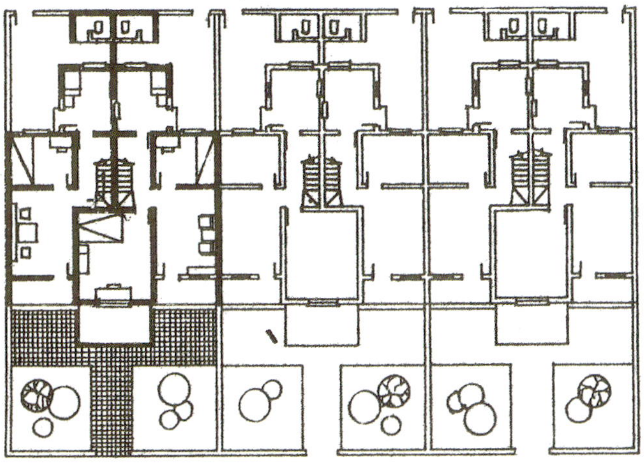

住宅单元平面图

312 郑州市汝河路居住小区

设计单位：郑州市建筑设计院
占地面积：20.04 hm²
建筑面积：22.94 hm²
建造时间：1985年

郑州市汝河路居住小区位于郑州市区西南部，住宅楼89幢，20.78 hm²；公共建筑24项，2.16 hm²；居住3806户，1.52万人。采用7种住宅体设计，条式住宅以5层为主，少量6层；点式为7层，均为砖混结构体系。二室一厅及一室半一厅占65%，三室一厅及一室一厅占35%。小区内建有学校、商店等，服务设施配套比较齐全。

独立单元住宅外观

住宅外景

中心广场

住宅局部

313 郑州市绿云小区

规划单位：郑州市规划勘测设计研究院
占地面积：11.86 hm²
建筑面积：15.55 hm²
建造时间：1995年

郑州市绿云小区是建设部住宅建设第三批试点小区之一，其中住宅面积10.72 hm²，配套公建 1.65 hm²，市级公建 3.76 hm²。规划居住户数为1543户，居住人数为5709人。

小区规划结构清晰，出人口位置适当；建筑密度适宜，用地紧凑。小区道路骨架布置合理，主次分明，公建位置安排比较合理。住宅组团划分明确，规模适宜，小区内以“Y”型主干道路把小区划分成阳春里、白雪里、平湖里、秋月里四个组团。配套设施齐全，空间组织富有层次。建筑群高低错落，疏密相间。

小区鸟瞰

住宅

中心绿地

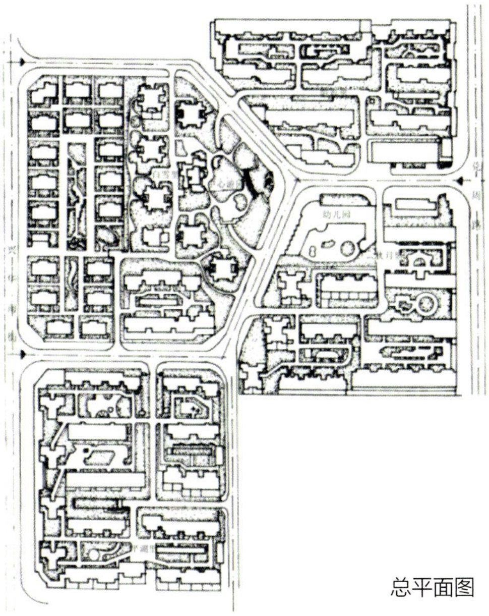
总平面图

点式住宅

小区中心鸟瞰

条式住宅

小区幼儿园

314 洛阳华侨新村

设计单位：机械部第四设计院
规划用地：4.41 hm²
建筑面积：5.62 hm²
建造时间：1992年

洛阳华侨新村位于涧西区南昌路，小区单体建筑35幢，其中住宅楼29幢、715户。一组团为联排式低层住宅，共94套，是为港澳台胞、归国华侨提供的居住场所；二、三组团为多层住宅。

外景

住宅局部

315 洛阳涧西区工人住宅

洛阳涧西区工人住宅片区是伴随着老工业区建设而进行规划的居住街坊，共有70多个，1956年至1965年期间陆续完成了36个街坊，共计425栋楼房，街坊住宅大多采用严寒地区周边式布局，现已作为历史性街坊进行保护。

鸟瞰

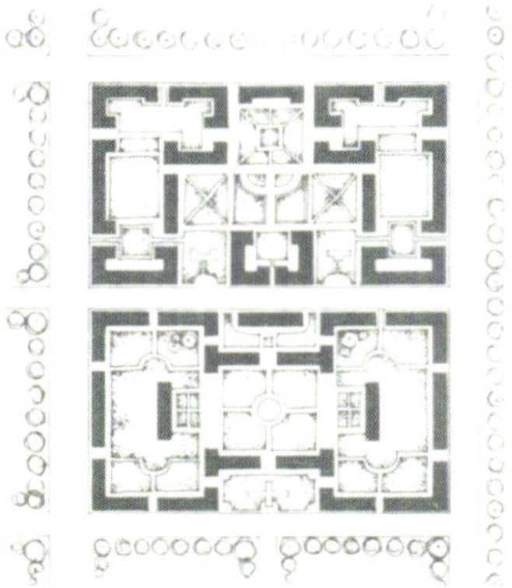

总平面图

街景

316 郏县广阔天地乡新村

郏县广阔天地乡（现大李庄乡）位于郏县城西南 5 km处，辖11个行政村，23个自然村，1.4万人，耕地1.4万亩，地理位置优越，地势平坦，交通便利。曾因毛泽东主席的批示“农村是一个广阔的天地，在那里是大有作为的”而名誉全国，被称为“中国知青运动的圣地”。是当年并村规划建设试点乡之一。

20世纪70年代联排式住宅

317 安阳地区民居

安阳地区民居是本世纪80年代规划新建的农村住宅，就地取材建造。传统三开向带阁楼的民居形式，古朴而厚实。

民居局部（解放后）

民居局部（解放后）

民居局部（解放后）

318 郑州市碧沙岗公园

占地面积：24.14 hm²

建造时间：1979年

郑州市碧沙岗公园位于郑州市中原路与建设路之间，前身为冯玉祥部队北伐军烈士陵园。公园东临郑州炮兵学院，西接嵩山路，面积大约有 26.67 hm²。碧沙岗公园现有三个大门，其中北门为正门。大门正中悬挂的匾额为1928年冯玉祥为纪念北伐军阵亡将士在此修建陵园亲笔题写的“碧沙岗”三个大字。沿中轴线由南向北依次建有烈士公墓，烈士祠堂，民权、民族、民生三亭和双马池等。公园建筑红墙绿瓦，气势庄严，园内水面 0.32 hm²，绿化面积 22.23 hm²，是郑州市兴建的第二个综合性文化休闲公园。1966年10月～1980年11月曾更名为劳动公园，历经整修已成为郑州市重要的纪念性场所和西区重要的大型休闲绿地。

北大门

陵园亭子

北伐阵亡将士纪念碑

319 郑州市动物园

郑州市动物园位于花园路北段，是河南省唯一的专业性动物园，规模为省级中型动物园，面积 72 km^2。现有面积 25.35 km^2，其中水面 2.53 km^2，绿化面积 5.93 km^2，建筑面积 2.69 km^2。园内建有油松山、柿子岑、桂花山等，人工湖有大小6个，呈不规则分布，并以桥涵相联。

动物展览区呈环状，沿内环路两旁依此布设熊猫馆、鸟苑、水禽湖、猩猩馆、草食圈等，笼舍建筑各具特色。游览休息区位于园中部，广场内中心花坛背衬假山，山后人工湖有游船码头以及多样景观小品等。

大门

熊猫馆

长颈鹿馆

320 郑州黄河游览区

设计单位：郑州市规划院
黄河游览区设计处
建造时间：1987年

郑州黄河游览区是在1970年为郑州城市供水而兴建的大型提灌站基础上逐步发展起来的。1987年7月，郑州市规划院和黄河游览区管理处共同编制黄河游览区总体规划。游览区分为14个景区，组建两个接待服务中心，并在景区外围划定一个控制保护地带，共33 k㎡。1990年对规划大纲进行修订，进一步明确游览区范围：东起花园口，西至汉霸二王城。划分为10个景区，共39.2 k㎡。

“哺育”雕像

景区鸟瞰

外景

321 开封宋都御街

设计单位：开封市建筑设计院
开封市中房设计所
河南省建筑设计研究院
建造时间：1989年

开封宋都御街位于中山路北端，南起西大街口，北迄龙亭公园午门前，全长 400 m，街宽 30 m。全街是一条旅游商业街，两侧建筑南高北低，多为2、3层，各种店铺、饭店、客栈50余家。御街中最具特色的是角楼和磬楼。角楼位于南端入口处，3层仿宋楼阁，一式两栋，对称而立；磬楼建筑面积 520 ㎡，由东、南、西、北、中5楼组成，每座楼既各自独立，又相互贯通，融为一体，力求体现宋式楼阁建筑风格。

磬楼

磬楼局部

御街全景

BANK OF CHINA
安全

322 开封清明上河园

设计单位：开封市建筑设计院
占地面积：40 km²
建造时间：1998年

开封清明上河园位于古城开封的西北隅，东与龙亭公园隔湖相望，北与翰园碑林毗邻，西靠国家级文物古城墙，南依错落有致的居民区。园区内设综合服务、旅游购物、休闲度假、民俗风情、特色食街、宋文化展示、花鸟虫鱼、繁华京城等8个功能区，校场、虹桥、民俗、宋都四个文化广场。主要建筑有：城门楼、虹桥、街景、店铺、寺观、苑囿、码头、酒楼、茶肆、剧场等，是一处集历史文化游、民俗风情游、休闲度假游和生态环境游为一体的主题文化公园。

入口外景

园内街景

园内水景

鸟瞰

323 开封包公祠

开封包公祠三面碧水环抱的包公湖半岛上。主要建筑有：大门、祠门、大殿、二殿、半壁廊、东西配殿和碑亭等。

设计单位：开封市建筑设计院
建筑面积：1 800 ㎡
建造时间：1985年

大门

鸟瞰

内院

324 开封天波杨府

建筑面积：5 000 ㎡
建造时间：1994年

开封天波杨府位于开封城内西北隅天波门的金水河旁，占地 3.3 k㎡。天波杨府坐北朝南，由东、中、西三个院落组成。东院演兵场由点将台、练兵场、门楼、旗杆、走廊等组成；西院是具有江南园林风格的花园式景区，由山石、曲桥、天波碧潭、水榭楼台、长廊等组成；中院是景区的主体部分，由大门、钟楼、鼓楼、天波滴水楼、孝严祠等组成。

全景

点将台

府门

百花园

局部

325 开封府

设计单位：	开封市建筑设计院 河南高宇建筑设计有限公司等
占地面积：	60 hm²
建筑面积：	1.36 hm²
建造时间：	1994年

位于开封市包公东湖北岸，占地 60 hm²。开封府依北宋《营造法式》建造，以正厅、议事厅、梅花堂为中轴线，辅以天庆观、明礼院、潜龙宫、清心楼、牢狱、英武楼寅宝馆等五十余座大小殿堂。根据陈展内容的不同，大体分为9个区：府衙文化区、包拯传说文化区、道教文化区、刑狱文化区、教育科举文化区、游艺文化区、府尹人文文化区、帝王文化区、休闲文化区。整个建筑气势恢弘，巍峨壮观，与位于包公西湖的包公祠相互呼应，同碧波荡漾的包公湖湖水相映衬，形成了“东府西祠”楼阁碧水的壮丽景观。

府门

鸟瞰

清心楼

内院

326 开封翰园碑林

建筑面积：10 150 m²
建造时间：1994年

中国翰园碑林位于开封龙亭公园西侧，占地 8 hm²、碑刻3500块，融古典园林建筑艺术与碑刻艺术为一体，分为园林与碑廊两大景观区。碑刻以书法艺术为主，集诗、书、画、印之大成，是一座融碑刻艺术和古典园林建筑艺术为一体的艺术宝库。它依不同的表现内容和表现对象分设中心碑廊、现代碑廊。宋代碑廊、历代帝王名臣碑廊，绘画碑廊、篆刻碑廊、硬笔书法碑廊、少数民族文字书法碑廊、中年书法碑廊和国际友谊碑廊等。

园林区（1）

园林区（2）

327 开封铁塔公园大门

328 鹤壁市人民公园花卉展室

设计单位：鹤壁市建筑设计院
建筑面积：450 ㎡
建造时间：1981年

鹤壁市人民公园花卉展室位于鹤壁市枫岭公园内，三院错落，园内叠石凿地，老树翠竹、月季、牡丹点缀其间，地锦藤萝盘附墙垣，曲桥横架，细草如茵，游廊曲槛，静室敞轩连成一片，内存现代作家、诗人郭沫若挥墨题词赞鹤壁的《西江月》石碑一块，是游人休闲、歇息好去处。

庭院内景（1）

庭院内景（2）

庭院内景（3）

庭院内景（4）

329 洛阳植物园、植物展览馆

设计单位：洛阳古建园林设计院
占地面积：14 hm²
建筑面积：1 800 m²
建造时间：1985年

洛阳植物园位于南昌路与长江路叉点，原为隋代皇家园林“西苑”的旧址，园内植物共1500多种，是一座以栽培海内外植物名品为主，又有园林风光的古典式公园。植物展览馆为一园中园，自成一体，按植物不同共设9个馆，并设行政办公区、冷冻室、恒温室等辅助设施。整个展览馆分为前后两大部分，前院以建筑为主，后院以山水花木为主。全馆以廊为纽带，将各馆联系在一起。

植物展览馆

庭院内景（1）

庭院内景（2）

庭院内景（3）

330 洛阳王城公园

Selected Architecture in Central China *Building in the 20th Century*

设计单位：洛阳古建园林设计院
占地面积：39.77 hm²
建造时间：1990年

洛阳王城公园坐落在洛阳市中州路北侧，洛阳博物馆西的东周王城遗址上。地跨涧河两岸，中间仿玉拱桥相连，是全国唯一的遗址公园，也是洛阳市最大的综合性公园。1955年10月开始征地修建，并建了温室和办公室，建园初期面积约 21.33 hm²，绿地面积 16.7 hm²。

入口

内景

331 灵宝函谷关

设计单位：北京清华规划设计研究院
建造时间：1993年

灵宝函谷关是河南省重点文物保护单位，距灵宝市区 12 km，周时置关，因关置于深险若函的峡谷中而得名，函谷关始建于春秋战国，后毁于战火。自古以来，这里就有“双峰高耸大河旁，自古函谷一战场”之说。自周、秦以来这里就流传着紫气东来、鸡鸣狗盗、公孙白马、玄宗改元的故事。1992年8月8日，函谷关东门关楼重建工程在原关楼遗址上破土动工。新关楼仿照现存于美国波斯顿博物馆的秦函谷关照片和从四川省汉墓中发现的关楼图样设计而建造，南北长 71.2 m，东西宽 12.3 m，高 21.5 m，为双门双楼悬山顶式三层建筑风格，因楼顶各饰丹凤一只，亦称丹凤楼。

外景

332 陕州风景区甘棠苑

设计单位：三门峡市规划勘测设计院
占地面积：1.2 hm²
建造时间：2001年

甘棠苑，亦称召公祠，位于三门峡市区西部陕州风景区内的原陕州古城北大街，是一处在原遗址中重建的、集人文景观与园林艺术为一体的旅游景点。召公姓姬名奭，西周初期的著名政治家，“三公”之一。据《史记·燕召公世家》记载，召公下乡视察时，就在田间地头处理民间事务，地方官吏要群众腾出房屋让他休息，烧茶备饭招待他，他说：不劳（我）一身，而劳百姓，不是仁政。召公就近坐在山野的棠梨树下休息，摘吃棠梨果子解渴，高兴地夸赞说，这甘棠树真好，浓荫郁葱，果实甜酸适口，百姓劳作累了，正可休息解渴，要好好保护这树，不要乱砍滥伐当柴烧了。百姓闻听，都夸召公体恤民情，广施惠政，深得民心。后来，群众作《诗召南甘棠》诗来歌颂召公，并集资修建召公祠，院内栽种甘棠树，以示对召公的纪念，故陕县也称甘棠县旧治。历代诗人曾动情赋诗赞颂，韩雄诗曰：“春桥杨柳应齐叶，古县甘棠也作花。”

外景

鸟瞰

入口

333 平顶山地质纪念碑

设计单位：河南省美术艺术家协会
煤炭工业部平顶山矿务局设计院
占地面积：0.88 h㎡
建造时间：1992年

平顶山地质纪念碑坐落在湛河公园、开源路湛河桥北堤上，是为纪念开发和建设平顶山市做出突出贡献的地质工作者而建，是我国继四川金川地质纪念碑、甘肃省白银市地质纪念碑之后第三座地质纪念碑。园林式的布局，碑体跨堤耸立，主要部分由碑体和园林雕塑组成。横匾式屏面梯形碑体坐东向西，壁体为象征平顶山形体的梯形，南北长 26.5 m，宽 5 m，高 7 m，表面用玉白色大理石贴面。

外景

334 平顶山市标雕塑

设计单位：中央美术学院
占地面积：1 027 ㎡
建造时间：1989年

平顶山市建市于1957年。1986年，为迎接建市30周年，修建一大型市标雕塑以彰显城市形象。雕塑自下而上由柱、鹰、人、碳原子模型组成，总高度 30 m。其设计理念就是像火焰一样给人一种向上的精神。

外景

335 平顶山盆景园

占地面积：2.04 hm²

建造时间：1959年

大门外景

庭院内景

内厅

336 南阳解放广场纪念碑

占地面积：2.04 hm²

建造时间：1997年

南阳解放广场纪念碑高 63.09 m，碑基由5个放射性花坛及周边踏板台阶有机结合，组成了一个五角星状的勋章图案，既代表南阳解放50周年，也隐含了在解放战争中，南阳经过五次战役（伏牛山东麓战役、宛西战役、宛东战役、开辟桐柏解放区、建立豫西解放区），建立中国共产党领导下的人民政权的光辉历程。

鸟瞰

外景

337 鹤壁市新世纪广场

设计单位：鹤壁市建筑设计院

建造时间：1992年

鹤壁市新世纪广场位于淇滨区九州路与黄河路之间，广场与市政府综合大楼、淇滨区办公大楼及华夏南路在同一轴线上。是集市政、休闲、文化为一体的综合广场。其布局为：广场北部为庄重现代的市政广场，南部为地形起伏的山坡、鹤壁地图形状的水池和壮丽的彩色音乐喷泉以及自然的休闲广场，给游人创造了游憩休闲的空间，广场中部为文化艺术广场，广场两侧为商业购物超市，广场的中心耸立的高 66 m的钟楼，既是广场构图的中心，又充分展示鹤壁深厚的历史文化内涵。

鸟瞰

338 南阳医圣祠

南阳医圣祠位于南阳市城东温凉河畔，坐北朝南，占地约 1.13 hm²，是汉代杰出中医学家张仲景的墓祠所在地。医圣祠分前后两院，解放后进行整治，新建大门、廊庑、山门、仲景墓、大殿等。设张仲景医史馆，珍藏文献达万卷之多。现大门为汉阙式，一对子母阙耸立门前，气势宏伟。

外景

339 汤阴羑里城

设计单位：四川美术学院等
占地面积：1.09 hm²
建造时间：1994年

羑里城是殷纣王囚禁周文王姬昌之所，是我国有文字记载的历史上第一座国家监狱，后人为了纪念周文王，在羑里城遗址上修建了文王庙。解放前，文王庙大部分建筑、诗赋碑刻遭破坏。1990年修复了文王大殿、拜殿，殿内塑文王铜像、易碑亭，改建文王演易台等，重新修整了后殿，成为周易陈列馆。整修后的二门内矗立龙马河图和灵龟洛书汉白玉石雕。1994年，一座身高 6 m，通高 9 m，重30余吨的巨型花岗岩文王塑像在羑里城广场中心落成。

鸟瞰

340 郑州国营第三棉纺厂

设计单位：纺织工业部设计院
占地面积：52 hm²
建筑面积：26.08 hm²
建造时间：1955年

新中国成立之初，郑州西郊工业区建设了国棉一厂、三厂、四厂、五厂、六厂以及印染厂等著名的大型棉纺织厂和职工住宅区。随着30年的改革开放，工业结构的调整，城区的拓展，棉纺厂均已外迁，部分厂区、住宅楼成为工业发展的历史见证而得以保留或改造。

大门采用长条形的平面布局，砖混结构。整座大门由三部分组成，中部为面阔5间盝顶式建筑。墙体为清水砖墙。入口过厅面阔3间，稍间柱头使用骑马雀替，中部过厅两侧的传达室及两侧配房外墙均开有采光窗。

办公楼平面呈长条形布局，砖混结构。内部采用一条长走廊连接其两侧的办公楼和厂房，交通流线明确。细部处理取中国传统建筑符号，外墙采用清水砖墙素面。

住宅楼位于郑州市中原区棉纺西路3号，由苏联专家援助我国设计建造。该组居民楼分为南北两个组团，南区组团占地面积约 0.11 hm²，北区组团占地面积约 0.3 hm²，每个组团均单独围合成一个方形院落。居民楼的坡屋顶形式借鉴了我国传统建筑营造特点。单体建筑的平面形式多采用“L”形。

入口大厅

生产车间（1）

生产车间（2）

厂区全景

大门

办公楼

沿街面外景

局部外景

住宅楼局部

341 郑州第二砂轮厂

设计单位：德意志共和国
建筑面积：7.44 h㎡
建造时间：1956年

郑州第二砂轮厂位于贾鲁河畔，是我国“一五”期间兴建的重点工程之一，由德意志民主共和国负责主要的设计工作，机械部设计总局第3设计分局为配合设计单位，德意志民主共和国帮助兴建。1953年开始筹备，1956年动工兴建，1964年投入生产。

陶瓷砂轮制造车间厂房整体造型属于典型的新中国成立初期工业建筑风格。长 106 m、宽 36 m，占地面积 3 834 ㎡，是当时二砂最大的建筑物。建筑采用装配式钢筋混凝土结构，单层、弧形锯齿形屋顶，将建筑设计、结构设计和施工工艺完美地结合在一起。锯齿形屋面所采用的弧形梁不仅造型优美，充分发挥其力学性能，而且与屋顶开的竖向高窗完美地结合在一起，不仅实现了厂房内部自然采光和通风，而且也极大地节约了能耗。

342 南阳宛西制药厂

343 项城市莲花味精厂

344 洛阳第一拖拉机制造厂

设计单位：苏联哈尔科夫农业机械设计院
中国建筑工程部设计总局工业城市建筑设计院
占地面积：65.4 hm²
建筑面积：195.7 hm²（截止1984年底）
建造时间：1959年10月（一期）

洛阳第一拖拉机制造厂位于洛阳市涧西区，是我国“一五”期间的重点建设项目。厂房为钢筋混凝土预制装配式结构，钢屋架。后经不断扩建、发展至今。

鸟瞰

大门

办公楼

职工住宅

345 平顶山锦纶帘子布厂

设计单位：	纺织工业部设计院
建筑面积：	9.75 h㎡（一期）
	8.12 h㎡（二期）
建造时间：	1080年—1981年（一期）
	1985年—1987年（二期）

平顶山锦纶帘子布厂位于平顶山市区，占地 81.3 h㎡，总投资6.76亿元，是我国第一座生产浸胶帘子布的新型工厂，国家重点建设项目。厂房为钢筋混凝土预制装配式结构。招待所（建筑面积：7 600 ㎡，建造时间：1981年）。俱乐部（建筑面积：3 500 ㎡，建造时间：1982年，观众席位1600座）。办公楼（建筑面积：4 698 ㎡，建造时间：1979年）。

厂区鸟瞰

招待所外景

俱乐部外景

办公楼外景

346 平顶山神马尼龙化工厂

占地面积：60 hm²

建造时间：1998年

平顶山神马尼龙化工厂（原中国神马集团尼龙66盐有限责任公司）位于河南省平顶山市高新技术开发区内。公司于1994年12月开工建设，1998年建成投产，是国家“八五”、“九五”重点建设项目。也是目前亚洲最大的尼龙66盐生产基地，其尼龙66盐生产能力居世界第三位。其雄厚的经济实力带动了平顶山高新技术开发片区的整体发展。

厂区鸟瞰

347 南阳天冠燃料乙醇有限公司

厂区鸟瞰

348 安阳电厂

占地面积：166.7 hm²
建造时间：1958年(一期)
后陆续改、扩建

安阳电厂位于河南省安阳市西郊，离市中心约6 km，毗邻107国道。上世纪50年代末，安阳成为河南重要的钢铁基地，安阳电厂应运而生。该厂从1958年6 000 kw机组起步，经历了多期改扩建，是豫北地区重要的电源支撑点和安阳市唯一集中供热热源。为压缩厂区占地，减少工艺管线长度，降低工程造价，在总平面布置中按照各车间的性质和功能将相近建筑合并、毗邻、重叠布置或采用联合布置等手法。厂区内一字排开由低到高的厂房、烟囱如同火电博物馆，见证了新中国半个世纪的电力发展，记载了安阳发电厂40多年的发展历程。

生产区内1 #、2 #冷却塔建成于1978年，塔体高90 m，上部结构为钢筋混凝土薄壁环形筒体结构，下部结构为钢筋混凝土人字柱、环梁、环形基础。两个冷却塔淋水装置采用钢筋混凝土支柱（284根）及主梁（328根），淋水面积均为3 500 m²。

厂区鸟瞰

冷却塔

349 安阳彩色玻璃壳厂

设计单位：中国电子工程设计院
建筑面积：22.7 hm²
建造时间：1990年

安阳彩色玻璃壳厂位于安阳市中州路南段，占地 48.11 hm²，是国家“七五”重点工程。以物流技术优化为总平面布置的指导思想，工艺流程最佳，管线短捷，布局紧凑，场库区靠近铁路专业线以减少二次运输，动力区在西侧，辅助生产部分在西北，主要生产厂房布置在厂区中心位置。由于安阳地区风沙较大，为减少灰尘对彩管玻壳生产的影响及节约能源消耗，建筑设计中分别采取了保温、隔热、隔音、防尘等构造措施，从而保证了生产环境的稳定性和可靠性。

鸟瞰

外景

350 安阳钢铁厂

设计单位：鞍山黑色冶金设计院
建筑面积：29 hm²(一期)
建造时间：1959年(一期)，后陆续改、扩建

安阳钢铁厂位于安阳市西郊梅园庄，是河南省第一座现代化的钢铁联合企业。厂区布置紧凑、节约用地，巧妙地利用地形，注意建(构)筑物空间组合及立面处理，并与环境协调。该厂于1959年完成第一期工程，包括采矿部和焦化、烧结、炼铁、炼钢、轧钢、机修、动力设施等24个主要车间。车间之间全部采用机器吊装和火车运输。厂房为钢筋混凝土预制装配式结构。厂区重视景观绿化，创造出良好的工作与生活环境。1959年投产后，正式结束了河南“少铁无钢”的历史，并为河南省建设大型钢铁企业奠定了物质基础。

全景

大门

车间外景

办公楼外景

厂区外景

后记

为了全面反映中原地区各个历史阶段的优秀建筑成果，在河南省住房和城乡建设厅的组织下，在河南省土木建筑学会的主持下，进行了《中原建筑大典》的编纂。《中原建筑大典》分设下列四卷：《古代建筑》《20世纪建筑》《21世纪公共建筑》和《21世纪居住建筑》。

《20世纪建筑》卷将为了解、传承、弘扬中原地区近现代建筑文化，保护优秀历史建筑提供详实史料。同时，通过总结这一阶段中原建筑的时代特点与发展轨迹，为探讨建筑与社会变迁、城市发展、环境演变的关系，促进传统建筑文化的继承与创新发挥一定的作用。

在全国历史文化名城九大古都中，位于河南省境内的就有四座城市：安阳、洛阳、开封和郑州。如何延续城市文化，传承古都风貌，各地在修复历史性建筑的过程中，如何做到“修旧如旧”恢复旧貌，在重建、新建仿古建筑，例如仿古府衙、仿古商业街的时候如何有所创新，如何对优秀历史建筑评估、鉴定、立法保护，以抵御大拆大建之风，都是我们应该不断思考和解决的问题，从这个意义上说来，本卷的出版就有了必要。

在编纂定稿之际，深感可能留下的遗憾有两点：一是挂一漏万，中原地区地域广阔，由于调研不够，一些优秀的历史建筑恐未能列入；二是时过境迁，大拆大建，建筑原貌和档案资料损毁严重，因而某些选例可能表述不清，甚至有误。

新中国成立以来我省各地市设计部门和来自全国各地的新中国第一批建筑师的代表作品，尽可能一一收入、展示并留存，作为纪念与怀念。某些各地所提供作品的建筑师和摄影师，参考文献未能一一列出，谨向他们致以歉意。

我从20世纪50年代末来到河南工作，至今已有50余年，郑州已成为我的第二故乡。期间，我亲历了河南各地城市的建设，参与了一些建筑和规划项目，目睹了城镇翻天覆地的变化。作为一名建筑教育工作者和建筑师，我也深深认识到在参与编纂《中原建筑大典》的过程中自己应尽一份责任，从而得到一份收获，体味一份幸福。

回顾过去，展望未来，相信广大建筑工作者未来一定能够创作出光彩斑斓、引领时代、匠心独具的创新之作，让我们共同努力吧。

顾馥保